知识生产的原创基地

BASE FOR ORIGINAL CREATIVE CONTENT

颉腾商业

JIE TENG BUSINESS

东尼·博赞

思维导图经典书系

记忆导图

The Most Important Graph
in the World

[英] **东尼·博赞**（Tony Buzan） **巴利·博赞**（Barry Buzan）著

亚太记忆运动理事会 译

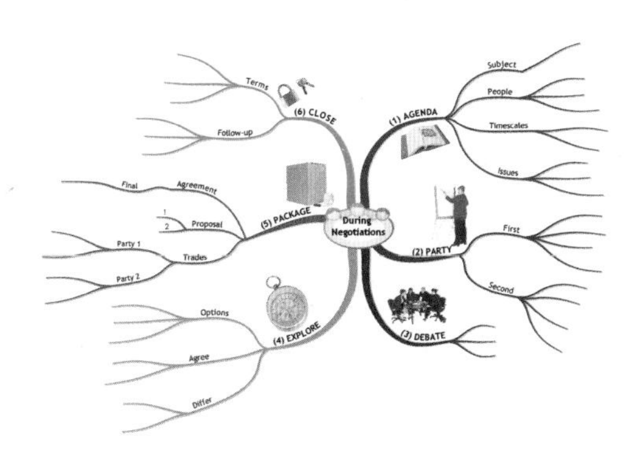

中国广播影视出版社

图书在版编目（CIP）数据

记忆导图 /（英）东尼 · 博赞（Tony Buzan），（英）巴利 · 博赞（Barry Buzan）著；亚太记忆运动理事会译 . — 北京：中国广播影视出版社，2023.10

书名原文：The Most Important Graph in the World

ISBN 978-7-5043-9079-0

Ⅰ. ①记… Ⅱ. ①东… ②巴… ③亚… Ⅲ. ①记忆术 Ⅳ. ①B842.3

中国国家版本馆CIP数据核字 (2023) 第138595号

记忆导图
［英］东尼 · 博赞，巴利 · 博赞　著
亚太记忆运动理事会　译

策　　划　亚太记忆运动理事会　颉腾文化
责任编辑　王　萱　胡欣怡
责任校对　龚　晨

出版发行　中国广播影视出版社
电　　话　010-86093580　010-86093583
社　　址　北京市西城区真武庙二条 9 号
邮　　编　100045
网　　址　www.crtp.com.cn
电子信箱　crtp8@sina.com

经　　销　全国各地新华书店
印　　刷　鸿博昊天科技有限公司

开　　本　650 毫米 ×910 毫米　1/16
字　　数　197（千）字
印　　张　15.5
版　　次　2023 年 10 月第 1 版　2023 年 10 月第 1 次印刷

书　　号　ISBN 978-7-5043-9079-0
定　　价　69.00 元

出版说明

相信中国的读者对思维导图发明人东尼·博赞先生并不陌生，这位将一生都献给了脑力思维开发的“世界大脑先生”，所开发的思维导图帮助人类打开了智慧之门。他的大作“思维导图”系列图书在全世界范围内影响了数亿人的思维习惯，被人们广泛应用于学习、工作、生活的方方面面。

作为博赞®知识产权在亚洲地区的独家授权及经营管理方，亚太记忆运动理事会博赞中心®致力于将东尼·博赞先生的经典著作带给更多的读者朋友们，让更多的博赞®知识体系爱好者跟随东尼·博赞先生一起挑战过去的思维习惯，改变固有的思维模式，开发出大脑的无穷潜力，让工作和学习从此变得简单而高效。

秉持如此初衷，我们邀请到来自全国各地、活跃在博赞®认证行业一线的专业精英们组成博赞®知识体系专家团队，担起“思维导图经典书系”的审稿工作，并对全部内容进行了修订和指导。专家团队的成员包括刘艳、刘丽琼、杨艳君、陆依婷等。专家团队与编辑团队并肩工作了数月，逐字逐图对文稿进行了修订。这套修订版在中文的流畅性、思维的严谨性上得到了极大的提升，更加适合中国读者的阅读需求和学习习惯。我们在这里敬向所有参与修订工作的专家表示由衷感谢，也对北京颉腾文化传媒有限公司的识见表示赞赏。

期待这份努力不负初衷，让经典著作重焕新生，也希望这套图书在推广博赞®思维导图、促进全民健脑运动方面，能起到重要而关键的作用。

亚太记忆运动理事会博赞中心®

亚太官网：www.tonybuzan-asia.com

中文官微：world_mind_map

敬献给我亲爱的妈妈，珍·博赞，她度过了冯·雷斯托夫般的一生。

——东尼·博赞

LETTER FROM TONY BUZAN
INVENTOR OF MIND MAPS

The new edition of my Mind Set books
and my biography, written by Grandmaster Ray
Keene OBE will be published simultaneously this year in
China.This is an historical moment in the advance of global
Mental Literacy , marked by the simultaneous release of the
new edition of Mind Set and my biography to millions of
Chinese readers. Hopefully, this simultaneous release will
create a sensation in China.

The future of the planet will to a significant extent be decided
by China, with its immense population and its hunger for
learning. I am proud to play a key role in the expansion of
Mental Literacy in China, with the help of my good friend and
publisher David Zhang, who has taken the leading role in
bringing my teachings to the Chinese audience.

The building blocks of my teaching are memory power , speed
reading, creativity and the raising of the multiple intelligence
quotients, based on my technique of Mind Maps. Combined
these elements will lead to the unlocking of the potential for
genius that resides in you and every one of us.

TONY BUZAN

MARLOW UK 05/07/2013

东尼·博赞为新版“思维导图”书系
致中国读者的亲笔信

今年，新版“思维导图”书系和雷蒙德·基恩为我撰写的传记将在中国出版发行，数百万中国读者将开始接触并了解思维潜能开发的相关知识和应用。这无疑是一个具有历史意义的重要时刻——它预示着我们将步入全球思维教育开发的时代。我希望它们能在中国引起巨大的反响。

中国有着众多的人口，他们有着强烈的求知欲，这在很大程度上将决定世界的未来。我很自豪，在我的好朋友、出版人张陆武先生的帮助下，我在中国的思维教育中发挥了一些关键的作用。我非常感谢他，是他把我的思维教育理念带给了中国的大众。

我的思维教育是建立在思维导图技能基础上的多种理念的集合，包括记忆力、快速阅读、创造力和多元智力的提升等。如果把这些元素结合起来，我们就能发掘自身的天才潜能。

东尼·博赞

2013年7月5日

Contents 目 录

第二部分 应用，应用，再应用

Foreword 1 序 一

作为近 40 年来全球最伟大的教育家之一，东尼 · 博赞的方法激励着众人尽其所能地开发和发挥大脑潜能，从而获得更丰盈、更有意义的人生。他在 20 世纪 60 年代发明思维导图，随后英国广播公司（BBC）播出他的“启动大脑”系列科普片达 10 年之久，同名书籍《启动大脑》畅销达百万册。他的思想广为传播，帮助人们认识了大脑的非凡能力。但他并未因此而止步，而是一以贯之地研究阅读、记忆、创新等，为此撰写了很多本书，被翻译成 40 多种语言。

今天来看，东尼 · 博赞的影响力已经超越了他的作品而成为一种世界文化现象。从刚刚成名开始，他就被邀请到全球各地演讲，被多家世界 500 强公司聘为顾问，为多个国家的政府部门提供教育政策方面的建议，为多所世界知名大学提供人才培养的方法。他的思想也快速地被大家接受，成为现代教育知识的一部分，这足以说明他的工作是多么重要。鼓舞并成就了数千万人的人生，足见他对这个世界的影响是多么深远。

东尼 · 博赞的毕生追求是释放每一个人的脑力潜能，发起一场展示每个人才华的革命性运动。如果每个人都能接触到正确的方法和工具，并学会如何高效地运用大脑，他们的才华便能得到最完美的展现。当然，他的洞见并非轻易而得，也不是人人都赞成他的观点。谁能够决定谁是聪明的，谁又是愚蠢的？对这些问题，我们都应该关心，这可是苏格拉底和尤维纳利斯都思考过的问题。

在正确认知的世界里，思维、智商、快速阅读、创造力和记忆力的改善应当受到热情的欢迎。然而，现实并不总是如此。实际上，东尼·博赞一直在坚持不懈地和大脑认知的敌人进行着荷马史诗般的战斗。其中包括那些不重视教育、把教育放在次要地位的政客；那些线性的、非黑即白的、僵化的教育观念和方法；那些不假思索或因政治缘故拒绝接受大脑认知思维的公司职员；还有那些企图绑架他的思想，把一些有害的、博人眼球的方法作为通往成功之捷径的对手。

2008 年，东尼·博赞被英国纹章院（British College of Heraldry）授予了个人盾形纹章。盾形纹章设立之初是为了用个人化的、极易辨认的视觉标志，来辨识中世纪战争中军队里的每一个成员，而东尼·博赞则是为了人类的大脑和对大脑的认知而战斗。

我想起我们第一次在大脑认知上的探讨，是关于天才本质的理解。我本以为东尼·博赞会拜倒在伟大人物的脚下，那些人仿佛天生就具备“神”的智慧及其所赋予的超人能力。事实并非如此。东尼·博赞将重点放在像你我一样的普通人的能力特质上，研究这样的人如何通过自我的努力来开启大脑认知的秘密，如何才能取得骄人的成就。东尼·博赞下决心证明，你无须来自权贵家庭或艺术世家，也能达到人类脑力成就的高峰。

爱因斯坦曾是专利局职员，早期并没有展示出超拔的数学天分；达·芬奇是公证员的儿子；巴赫贫困潦倒，他得走上几十英里去听布克斯特胡德的音乐会；莎士比亚曾因偷窃被拘禁；歌德是中产阶级出身的律师……这样的例子有很多很多。

但幸运的是，他们靠自己找到了脑力开发的金钥匙。而今天，值得庆幸的是，东尼·博赞先生帮众人找到了一套开发脑力的万能钥匙。

他可以像牛顿一样说自己是柏拉图的朋友、亚里士多德的朋友，最重要的是，是真理的朋友，是推动人类智慧向前跨越的关键人物。

社会从众性的力量是强大的，陈旧教条的影响无法根除，政府官员的阻挠、教授的质疑充分证明了这一点。然而，正像著名的国际象棋大师、战略家艾伦·尼姆佐维奇（Aron Nimzowitsch）在他所著的《我的体系》里所写的：

讥讽的作用很大，譬如它可以让年轻人才的境遇更艰难；但是，有一件事情是它办不到的，即永远地阻止强大的新知入侵。陈旧的教条？今天谁还在乎这些？

新的思想，也就是那些被认为是旁门左道、不能公之于众的东西，现今已经成了主流、正道。在这条道路上，大大小小的车辆都能自由行驶，并且绝对安全。

是时候阅读这套“思维导图经典书系”了，今天在自己脑力开发上敢于抛弃陈规旧俗、接受东尼·博赞思想和方法的人，一定会悦纳“改变”的丰厚馈赠。

雷蒙德·基恩（Raymond Keene）

英国OBE勋章获得者

世界顶级国际象棋大师

世界记忆运动理事会全球主席

Foreword 2 序 二

尊敬的中国读者：

你们好，很高兴受邀为东尼 ·博赞先生的“思维导图经典书系”的全新修订版作序。我与东尼相识几十年，很荣幸与他建立了非常深厚的友谊。他有着广泛的爱好，对音乐、赛艇、写作、天文学等都有涉猎，其睿智、风趣时常感染着我。我是他生前最后交谈的朋友，那次谈话是友好而真挚的，很感谢他给予我的宝贵建议，这是我余生都会珍念的记忆。

东尼出版过很多关于思维导图、快速阅读和记忆技巧的书，并被翻译成多种语言在世界各地传播。思维导图——东尼一生最伟大的发明，被誉为开启大脑智慧的“瑞士军刀”，已经被全世界数亿人应用在多种场景、语言和文化中。

我曾与东尼结伴，一起在中国、美国、新加坡等地推广思维导图，也曾亲眼目睹他的这一发明帮助波音公司某部门将工作效率提高400%，节省了千万美元。这正是思维导图的威力和魅力。

东尼的名著之一是《启动大脑》。在我们无数次的交谈中，他时常提起此书是他对所有与记忆、智力和思维相关事物的灵感之源。东尼相信，如果掌握了大脑的工作模式和接收新信息的方式，我们会比那些以传统方式学习的人更具优势。

在该书的第 1 章，东尼阐释了大脑比多数人预期的更强大。我们拥有的脑细胞数量远远超出大家的想象，每个脑细胞都能与周边近一万个脑细胞相互交流。人类大脑几乎拥有无限能力，远比想象的更聪明。当东尼意识到自己的脑力并没发挥出预期的效果时，为了更好地学习，他希望发明一种记笔记的新方法——这就是思维导图的由来。东尼的发明对他自己的学习很有帮助，于是进一步开发来帮助他人。

在他的书系中，你将学到多种技能。它们不仅使学习变得更容易，还有助于你更好地应用思维导图，比如通过使用关键词来激发想象力和联想思考、增强创造力，等等。东尼曾告诉我，学龄前儿童的创造力通常可以达到95%。当他们长大成人后，创造力会下降至大约10%。这是个坏消息，但幸运的是，东尼在书系中介绍的技能，是可以帮助我们保持持久旺盛的创造力的。这些书揭示出创造力、记忆力、想象力和发散性思维的秘密。读完这些书你会发现，这些看似很简单的技能，太多人还不知道。

东尼发明了“世界上最重要的图表”，并将它写在本书（*The Most Important Graph in the World*）中。书中不但论证了思维导图的重要性，还为我们的生活提供了宝贵的经验。我从中学到很多技巧，其中最重要的是，如何确保我所传达的信息被别人轻易记住——直到读了本书，我才意识到它是如此简单。东尼在书中提到的七种效应，从根本上改变了我与人沟通的方式，让我的交流更富有情感，演讲更令人难忘。这本书是我最喜欢的东尼的名著之一。

东尼还非常擅长记忆技巧。他在研究思维导图时，发现记忆技巧非常有用。这些技巧在日常生活中的重要性不言自明，比如，我不善于记别人的名字和面孔，当不得不请人重复时，我真的很尴尬，俨然成了为遗忘找借口的“专家”。东尼为此亲自训练了我的记忆技巧，让我很快明白记忆技巧与智力或脑力的关系不大，许多记忆技巧是简单的，可以很轻松地学习和应用。

不久前，我教一个学生记忆技巧。她说她记忆力特别差。我记得东尼告诉我，没有人天生记忆力不好，只是不知道提高记忆力的技巧。我让她在 3 分钟内，从我提供的单词表中记住尽可能多的单词。她只能记住 3 个单词。我告诉她，在运用了我教给她的技巧后，她可以按顺序记住全部 30 个单词，倒序也不会出错。她笑着说这是不可能的。

利用东尼书中所教授的技巧，她在经过大约 3 小时的训练后，成功做到了正序、倒序记忆全部 30 个单词。她非常高兴，因为一直以来，她都认为自己的大脑无法达到如此之高的记忆水平。真实的教学案例足以证明，东尼的记忆书是可以让每个人受益的，无论青少年还是成年人。

我读过东尼这一书系中的每一本书，强烈推荐给所有希望拓展自己脑力的朋友。

你们需要做的，就是将书中所包含的各种重要技能全部掌握。

马列克·卡斯帕斯基（Marek Kasperski）

东尼博赞®授权主认证讲师（Master TBLI）

世界思维导图锦标赛全球总裁判长

| Foreword 3 序 三 |

当我还是少年的时候，父亲告诉我："你只有一次机会留下第一印象，所以要留下好的印象。"之后在学校放假期间做兼职时，父亲又对我说"想想怎样才可行，然后保持下去"，以及"要勇于站出来"。

14 岁时，我在乐天派俱乐部赢得了我人生中第一次演讲比赛的胜利。正是从那时起，"告诉他们你打算说些什么，告诉他们，然后告诉他们你说了些什么"这句从主持人那儿学到的古老格言，深深融入了我处理问题的态度和方法中。

我曾在许多国家和不同的领域工作过，最终成为一名高管。我有幸与许多导师合作，聆听他们分享自己成功的秘诀，包括"尝试看到全局，但细节决定成败""提供良好的服务，让人们意犹未尽""注重对方，他们就会一直找你"。

在过去的 45 年中，所有的这些经验都让我受益匪浅，但是直到几年前我才意识到，每一条经验其实都总结、包含在《记忆导图》这本书的原理中。

我清晰地记得事情发生的那一天。当时詹妮弗·戈达德（Jennifer Goddard）和我正为东尼·博赞组织一场面向澳大利亚全国演讲家协会 120 名专业演说家的重要演讲。这是我们代表澳大利亚、新西兰博赞中心第二次邀请东尼访问澳大利亚，而且之前我们并不像现在这样了解彼此。

东尼的演讲开场不错，但很显然，5 分钟之后观众就想要听到更特别的内容。东尼觉察到了这点，转过头轻轻地对我说："我会演示世界上最重要的图表。"他开始单词记忆测试，然后通过世界上最重要的图表解释了其中包含的首因、近因、冯·雷斯托夫效应等所有记忆原理。

很快，这些专业的演说家明显已经听到了他们想要的"特别的东西"。他们字字句句听着，轻而易举地将东尼分享的记忆及记忆原理与如何成为更成功的演说家关联起来。我很高兴地看到东尼再次证明自己是世界上最伟大的演说家之一，但更让我高兴的是，世界上最重要的图表——"记忆导图"的全部力量已深深植入我自己的理解中，我也因此可以分享给其他人。

十年之后，当我刚读完本书的最初稿没几个小时，东尼问我对本书的看法。当时我们坐在酒店的大堂，俯视着悉尼港，他和我的搭档詹妮弗已经整整忙碌了一天。我立即做出了回答——我告诉他这本书十分重要而且有意义。

虽然当时只有目录和六十多页正文，但东尼显然在书中捕捉到了非常深刻的东西。现在这本书已经完稿，它大大超出了我的预期，我坚信它会对每一个读者产生深远的影响。

当然，导图一直以来都是创造价值的重要工具。各行各业都通过一系列图表监控业绩，比如医生会仔细地观察手术时患者的体征图表。任何想要在某方面提高的人最终都会绘制一张图表用来观察自己的进步过程。图表对成功至关重要，而记忆导图是帮你最终获取成功的图表。

记忆导图位于这么重要的核心地位——这简直就是成功的秘诀。它代表了记忆及其运作原理，一旦你真正意识到它的作用，你就能够在诸多方面获得成功。东尼在记忆领域早期的著作，以及他对记忆原理的认识，包括首因、近因、冯·雷斯托夫效应、重复和格式塔，皆来自联想和想象的影响，而这些都完美地涵盖在这张简单的图表里。

像很多东西一样，简单才有力量——它能帮助更多的人变得更加成功。

记忆导图能为你提供一切所需：呈现一场技惊四座的演示；开发出强有力的营销信息，吸引客户来拜访你，给你的事业带来支持与赞助；加速你的职业发展，助你获得渴求的工作；成为顶级销售，或成为受人尊敬的领导；成为更好的教师、教练、培训师，甚至更多。

记忆导图也会告诉你如何学习，告诉你为什么有时候学习进度或效果不及你的预期，也会引导你采取行动，成为更好的学习者。通过应用其中的记忆原理，你会学习如何学习，吸收更多信息，理解更加透彻，回忆更加完整，更重要的是形成自己的独特见解。记忆导图甚至会告诉你如何以过目不忘的方式向他人传授你的开发才能。

记忆导图还将记忆与创造力联系在一起，对每个人而言，创造力是当今必不可少的一项技能。我自己的关注点是帮助人们变得更有创意，解决问题，改善流程，开发独特的策略、产品和服务，或者仅仅是变得更成功。创造力以一种与众不同的崭新或变化的角度看待事物，通过理解记忆和运作原理，任何人都可以将事物更紧密、更快速、更动态地联系在一起——这就是创造力的特点。

记忆导图甚至阐明了伟大的成功人士取得巨大成就或影响的方法。以首因原理为例，即人们倾向于记住刚开始看到或者听到的信息，马尔科姆·格拉德威尔在《眨眼之间》一书中对此做出了解释，而我的父亲，也像在此前后的许多人一样，告诉了我一个朴实的道理：第一印象非常重要。

或者再想想近因原理——倾向于记住最后看到或者听到的信息。我们都记得上一次约会、上一次聚会、最后见到的人，这也就是为什么“让人们意犹未尽”这个建议现在听起来很有道理。那么，你给他人留下了什么记忆？

冯·雷斯托夫对记忆的研究给我们留下了冯·雷斯托夫效应[①]：那些与众不同、脱颖而出或者以某种方式凸显的事物更让人难忘。由此看来，父亲之前常说的“让别人看到不同之处”及“从人群中脱颖而出”与本书中所述的成功秘诀完全吻合。对此，大概萨尔瓦多·达利说得再好不过——“生命短暂，不能默默无闻”。

众所周知，在演讲、论文、文章或者书本中反复论述关键主题或者要点，是让听众或读者记住这些信息的基本方法。重复是创造变化的一种方法。多年前，我的一位导师说：“你要讲21遍，别人才能听进去，然后他们需要实践21次才能养成新习惯。”因此，多年来，演说家的信条——“告诉他们你打算说些什么，告诉他们，然后告诉他们你说了些什么”——也遵循了这个记忆原理。

在某种程度上，格式塔是指大脑具有填补所呈现信息的“空白”的能力，进而形成对整体的理解，或者看到大局。按记忆理论的说法，这使我们能看到或联系信息碎片，继而推断出整体。但本书的某些理论认为这也会产生错误的记忆。

在东尼所有的著作（包括本书）中，我们都可以看到联想和想象的重要性，这是最为主要的记忆原理，几乎包含所有记忆原理。这些都是基于东尼对大脑及其运作原理的研究，过去几年一直以不同的方式进行讨论。现在东尼把它们全部整合在一起，形成一张容易理解的图表，并汇集在一本书里。

本书还为东尼早前发表的许多作品提供了解释和依据。他会向你展示，记忆导图是他最知名的思维导图的基础，而现在全世界大约有2.5亿人正在使用思维导图。

东尼是在研究记忆的过程中开发了思维导图。当你第一次看到某张思维

---

① 黑德维希·冯·雷斯托夫（Hedwig Von Restorff），苏联心理学家。冯·雷斯托夫效应是指所学习的内容中最特殊的部分最容易记忆。

导图时，它具有从中心形象到初始印象各方面的优势。思维导图有近因优势，它深深扎根在你的脑中，而末端的分支则提供了回忆所需的所有细节。

思维导图将流程、联想和想象融入其结构，利用图像、颜色、编码等手段不断重复关键信息。最后这些关键字和图像能够自然而然地联系在一起，通过帮助创作者和观察者填补空白信息从而观察到整体。

本书完美地展示了为什么思维导图是现今最有效的思维组织和记忆工具，继而告诉你如何在生活的各个方面取得更多成功。因此，东尼为我们提供了一项伟大服务，为大家带来了思维导图和记忆导图。

《记忆导图》是一本必读的书，除非你不想更成功。

比尔·贾洛德（Bill Jarrard）

Mindwerx国际公司执行董事

澳大利亚昆士兰

2012年1月

Summary 概　述

如果你对最重要的宇宙主体——大脑以及如何能高效地利用它的学习能力感到好奇，那么《记忆导图》对你而言就是一本大开眼界、充满正能量的书。本书将传统枯燥的理论，如赫尔曼·艾宾浩斯[①]关于学习期间的记忆与回忆，变成了生动有趣的“生活公式”，并且在各个方面都付诸实践与应用，包括个人、家庭、专业领域、社区和全球生活。

《记忆导图》介绍了 7.5 条全新的“记忆和行为规律”：

1. 首因效应。该效应显示，在其他条件相同的情况下，我们更容易记住学习过程中最初获取的信息。

2. 近因效应。该效应显示，在其他条件相同的情况下，我们更容易记住学习过程中最后摄入的信息。

3. 基于想象的冯·雷斯托夫效应。该效应显示，在其他条件相同的情况下，我们更容易记住突出的、不同的或者更为独特的信息。（额外附加值 0.5）

4. 联想效应。该效应显示，在其他条件相同的情况下，我们更容易记住相互关联或有联系的事物，特别是与自身或者周围环境相关的事物。

① 赫尔曼·艾宾浩斯（Hermann Ebbinghaus），德国心理学家，著有《记忆》（德文版 1885 年；英文版 1913 年）一书，其研究方法对记忆研究领域乃至整个心理学的实验研究都产生了深远的影响。

5. 理解与误解效应。该效应表明我们有可能“准确”记住从未发生过的事情，这是因为大脑具有非凡的想象、幻想、创造及联想的能力。对此效应的认识能使我们更深刻地了解理解与误解的本质。

6. 兴趣效应。兴趣就像一个沉睡的巨人，一旦唤醒，大脑就像发动了大型涡轮机，所有学习、思考、记忆、创造力都将瞬间大幅度提升。

7. 意义效应。大脑通过获取碎片信息并将其重组而形成整体印象，因此，意义和洞察成为记忆与学习过程的一部分。

对此进行更深入的分析证实了达·芬奇的断言，即“万物皆以某种形式联系在一起”。这又进一步证实了人类的创造力和大脑的潜力，以及未来人类生存的可能性。

《记忆导图》真正具有如下价值：

- 揭示全球多个组织使用过的所有最佳记忆体系的秘诀，包括记忆大师、全国记忆冠军和世界记忆冠军。
- 揭示知名人物如美国前总统贝拉克·奥巴马、富有传奇色彩的亿万富翁理查德·布兰森（Richard Branson）等人曾使用的成功秘诀。
- 解释创造力的神秘本质以及如何释放这股无穷的潜能。
- 深入了解世界上最伟大的通才达·芬奇和他的思想，并且学习如何像他一样思考。
- 解释思维导图的理论基础，为何它如此强大，以及为何它可以被应用到所有思维活动中。
- 提供全新的、令人振奋的重大研究结果，证实了记忆的节奏。
- 对“学习如何学习”的全新解读，介绍将这些认识应用到全球教育体系中的方法。
- 引导你创造一种有意义、多姿多彩、难以忘怀、健康有益的生活。
- 提供演讲、培训、写作等各类有效沟通的系统性方法，甚至包括与动物交流。

- 让你准确知道何时该结束。
- 提供公关和营销的全新视角。
- 帮助你提升社交和情感智商。
- 开启“时间管理”。
- 教授一般生活技能，包括组织各类活动和家庭教育，等等。

以上只是本书提供的部分价值。

记忆导图将会改变你的生活视角以及你的生活！

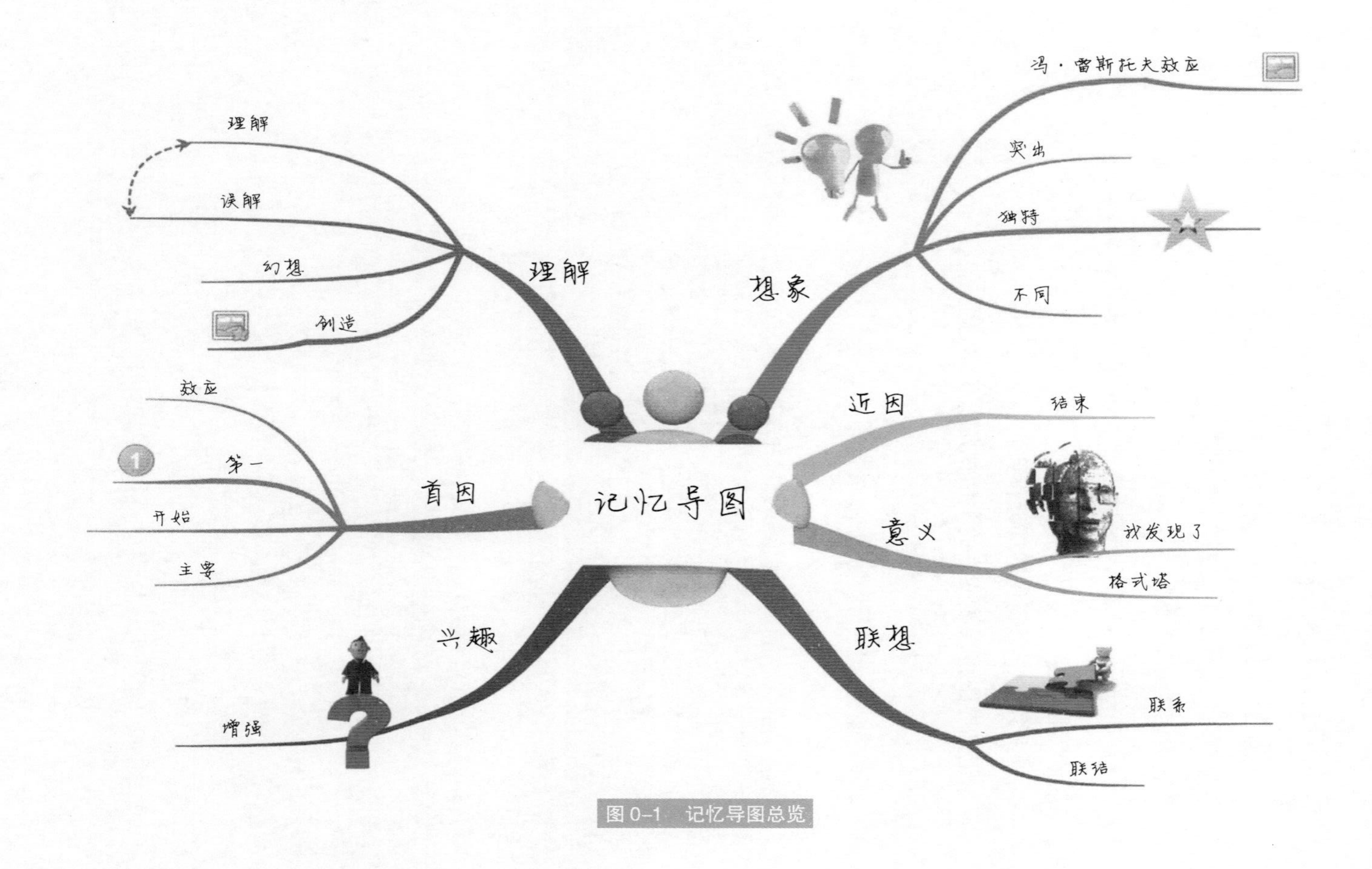
记忆导图
理解
理解
误解
幻想
创造
想象
冯·雷斯托夫效应
突出
独特
不同
首因
效应
第一
开始
主要
近因
结束
意义
我发现了
格式塔
兴趣
增强
联想
联系
联结

图 0-1　记忆导图总览

Preface 前　言

20 世纪 60 年代，当我还在读大学时，就对心理学非常感兴趣，特别是记忆心理学。那些年，学生们要死记硬背各门学科资料，然后照搬到考试中。

这一过程完全不需要考虑实际应用。

我对赫尔曼·艾宾浩斯和冯·雷斯托夫的研究结果印象非常深刻，后来我将这些研究结果讲授给心理学 101 班的一年级新生。

有一天，我走进教室，打算讲授“学习期间的回忆”这个主题。我带着讲师标准的线性、文字和单色形式的备课笔记，像往常一样开始单调地讲课：

“早上好。今天我们要学习一个非常有趣的主题——学习期间的回忆，以及和记忆心理学领域相关的六个主要因素。第一个因素是首因效应。这是第一个效应，是说在学习阶段，在其他条件相同的情况下，人脑往往更容易记住在上述学习过程中最初出现的信息。理解了吗？我再重复一遍……”

我继续讲着，但是那些可怜的学生已经无聊到走神了，我自己也一样，像机器人那样一字一句认真地转述着备课笔记上的内容。

接下来的一个发现令我震惊，它完全改变了我的生活。我发现我虽然在教有关学习的回忆和记忆，但我的教学方式是在教学生忘记我所说的关于记忆的一切。

我离开了课堂，思想上却发生了天翻地覆的变化。我发现我的教学和授课都与本应该教授的记忆原理截然相反。

我的“方法”和“信息”背道而驰——我的方法绝妙地加速了遗忘。

接下来我要怎么办？我开始把学习期间回忆图（即记忆导图）应用到讲课中。令人欣喜的是，我的学生开始享受课堂了，更重要的是，我自己也越来越享受。

记忆导图的下一步神奇应用，就是用它对我的笔记进行深入分析。

跟讲课一样，最初我的笔记也与回忆、学习和记忆的原理相反。发现这点之后，经过一段时间，记忆导图变成了我开发思维导图的理论基石。

当我在世界各地进行演讲时，都会问听众在思考方面遇到的困难。而我得到的两个最主要的回答是记忆和集中力，其中记忆是首要问题。

这是一个全球性问题，少到几位听众，多到上万听众，都说到了这个问题。如果我问他们“谁有记忆困难”，几乎所有人都会举起手。

与此同时，我一直在玩象棋和其他益智项目，直到有一天我顿悟了。我发现世界上几乎每一样东西都有比赛——足球、羽毛球、跳棋、象棋、赛马、跑步、跳远、举重、推力、拉力，甚至是挑圆片游戏（Tiddly Winks）、指甲长度、吃汉堡……你随便说一个，都有世界性的比赛。

除了地球上最重要的认知能力——记忆！

这多么荒唐！大脑最重要的功能——记忆，竟然完全被忽视了！我下定决心要让记忆成为全球智力运动。

最终我携手象棋大师雷蒙德·基恩，于1991年在伦敦举办了世界脑力锦标赛，而记忆导图从根本上深刻地启发了脑力锦标赛。

多年来，我与我们当年创立的世界记忆运动理事会一起，为了竭力让记忆成为一项美妙的运动而开创了一系列国际、国家和地方性的赛事。

当你读完此书，你就会理解记忆的神奇和重要。强烈建议你参加世界脑力锦标赛和全国或者地方级别的比赛。

当思维导图风靡全球，记忆导图及其应用也开始渐渐变得重要。显而易见，对人类大脑及其潜能的开发和培养，才真正是“世界上最重要的图表”。

你现在手中拿着的这本书，是历经50年研究和开发的心血，是各种讲座的信息反馈以及世界各地成千上万读者来信的结晶。

我敢肯定，这本书会对你的生活产生积极影响，就像它曾经对我的生活产生影响一样。

记忆导图，能激发你从现在开始思考自身，思考你的思维、你的行为和你的自我发展，并且持续思考下去。我保证它会改变你的行为。

——东尼·博赞

第一部分

“掌握”图表

如果说大脑拥有惊人的记忆力，能够吸纳和记忆无限的信息，那么，记忆导图正是开启这扇大门的超级钥匙。本书的第一部分将带你走进记忆导图的世界，探究它自身的奥秘，以及它是如何将首因、近因、冯·雷斯托夫效应、重复、想象、联想和格式塔等记忆原理完美地融合在一起的。

看似简单的图表，实际是世界上最重要的图表。最终你会发现，掌握了图表，就掌握了亘古不变的真理：记忆既是生命的本质，也是各种形式的创造力的产生者。

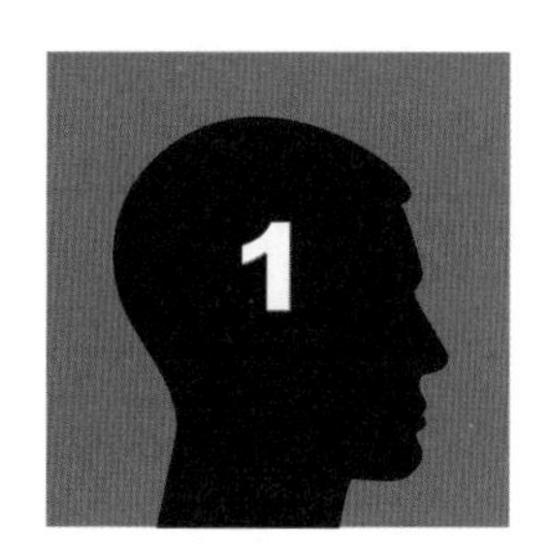

第 1 章

开启改变人生的奇遇之旅

本章将向你揭示世界上最重要的图表——记忆导图所包含的大量重要信息。它向你阐明大脑的元认知、行为和学习能力，让你在知识革命的时代，能够更加明智地思考！在本章中，你还会看到关于大脑记忆的测试题，然后给出你的回答。最后，我将引导你思考，如何将每一条法则应用到改善生活、工作中的方方面面。

1.1　我们生活的时代

你觉得我们现在生活在什么时代?

给点提示以帮助你做出决定。传统上认为，在原始、土著和地方文化兴盛过后，第一次“思想革命”始于5000~10 000年前的农业革命。

在那个时代，我们主要考虑的是农业。

孩子们被教育成为农业劳动者。

之后，农业革命被几百年前的工业革命取代了。

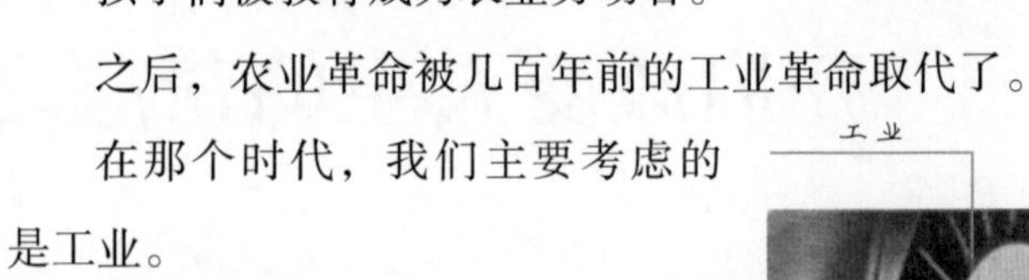

在那个时代，我们主要考虑的是工业。

孩子们再次被教育成为军工产业的劳动者。

所以，在这种背景下，你觉得我们现在生活在什么时代?

请在下方空白处写下你的想法：

以上问题最常见的答案是：

- 信息
- 科技化
- 计算机
- 数码 / 数字化
- 终结

假如生活在信息、科技化、计算机时代，我们主要思考的无疑是信息和技术，孩子们将被教育成信息技术人员。如果真是在这样的时代，这样的思维和教育都是合理的。但如果我们只是误以为自己处于这样的时代，那么，这种思维和教育肯定是不合理的。

大约 90% 的人都认为自己生活在这样的时代，所以现在世界上的主流思维是信息和技术模式。

可是，我们并非处在信息时代啊！

信息时代赋予我们很多美妙的礼物，包括电视、电脑、最新医疗设备和网络。同时这也是造成这个星球上前所未有的巨大压力的最关键原因——信息爆炸。

为了应对信息爆炸，人类又设计出了一场思维革命——知识革命。在这个时代，信息被划分成有意义的群组，如此可以控制和管理日益增加的海量数据。这个时代产生了诸如知识管理的新概念，商业领域和政府部门都出现了知识经理这样的新职位，很多机构还新增了知识管理总监。

现在你应该注意到，每一个被新时代超越的时代仍然与我们同在。农业、工业和信息时代依然还是社会的一部分，未来也一直都是。

在知识时代，我们思考的是知识。

孩子们被教育成为知识工作者。

最近在新加坡，一群知识管理总监聚集在一起，宣称知识管理工作的开展并未如预期般顺利。为什么呢？

因为还有比知识更重要、更需要管理的东西。在下方空白处，请写下你认为更重要的东西：

以上问题最常见的答案是：

- 时间
- 他人
- 金钱
- 品质
- 环境
- 孩子

比管理知识更重要的是什么？请允许我现在给出答案：管理知识管理者。

谁是知识管理者呢？

就是你的大脑！

你的大脑通过使用和应用多元智力来管理知识。所以现在我们已经进入了智力时代（见图 1-1）。

这是事实，并由时任马来西亚高等教育部部长爱德华·德博诺（Edward de Bono）教授、霍华德·加德纳（Howard Gardner）教授、我本人及 2000 名国际代表在 2009 年第 14 届国际思维大会上确认。

在智力时代，我们终于能明智地进行思考了！

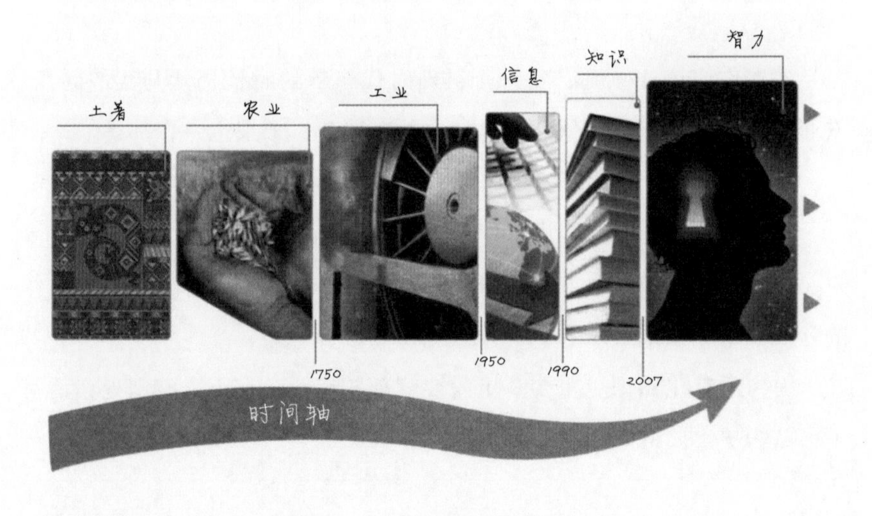

图 1-1　人类发展经历的不同时代

在这个崭露头角的全新时代，所有年龄段的孩子都即将或开始通过智力教育成为智力工作者：关注创新、改革、沟通、服务、学习方法、记忆、道德伦理、自我管理、正念，充分利用认知技能和包括分析、战略、横向、创新、元认知以及发散思维在内的所有思维方式。

心智能力将和一般的语言能力、数学能力一样被大家认知：

- 语言能力是指理解字母、单词、语言，并且能够恰当运用它们。
- 数字能力是指理解数字，并且能够运用数字组合。
- 心智能力是指理解大脑生理结构、元认知和学习功能。

世界上最重要的图表——记忆导图，包含大量的重要信息，向你阐明大脑的元认识、行为和学习能力。

因此，在这个新时代，我们必须明智地思考上述的变化事项：

- 关于知识
- 关于沟通和技术
- 关于农业和环境

这是从人类诞生之时乌托邦空想家们就一直梦想的时代。

接下来本书会对记忆的组成元素与成分做一个科学的解释和探索。

这将使你能够智慧地思考、使用和管理记忆，获得自身优势。

不要让你的记忆（或者缺失）掌控你，而是你掌控它！

《记忆导图》的设计专门用来提升你的思考品质，它帮助你开辟管理自身和生活的新可能，继而实现可行的梦想。它也同样适用于可能作为社会各类角色的你，如领导、商人、专业人士、社区成员或父母。

让我们开启新旅程吧！

1.2 世界上最重要的图表

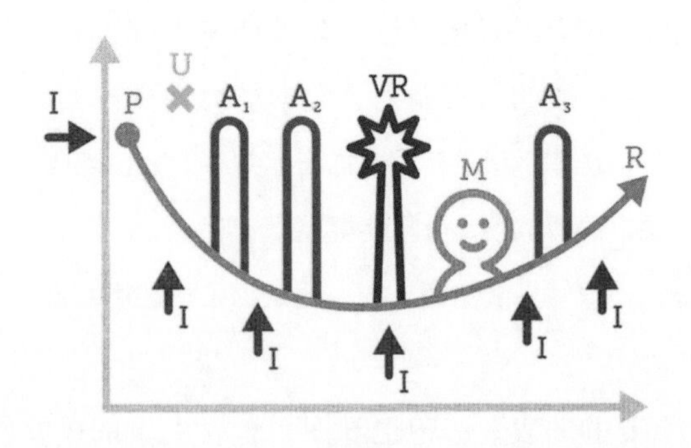

你眼前的这张图表就是“学习期间回忆图”，即我所说的世界上最重要的图表——记忆导图，它能激发你从现在开始思考自身，思考你的思维、你的行为和你的自我发展，并且持续思考下去。我保证它会改变你的行为！

这是因为：

- 此图将会解释时间管理和更重要的自我管理；在智力时代明智地管理你的智力。
- 此图是创造性思维、创造力、创造过程的基础。当你深入理解了这个图表，你将拥有自己的灯塔，指引你开发创意潜能。
- 此图是全球所有记忆系统及著名的希腊记忆系统的基础。正是基于此图，记忆大师们才取得了大师的地位。
- 此图是你探索和开发社交智商的指南。
- 此图将指引你如何更好地生活，创造有意义的、成功的、难忘的人生。
- 此图是良好育儿方式的蓝图。
- 此图是对有效沟通的校正，包括演示、各类写作、谈判、指导和教学。
- 此图帮助你认识理解的过程、误解的过程及如何将误解转变成理解。
- 此图是一种“减压机制”。

- 此图反映了你的智力节奏。
- 此图是创建思维导图的理论基础。理解了它，也就理解了为什么思维导图是有效的，以及思维导图可以应用的诸多领域。

1.3 测试：由你来验证它

除了以上所述，此图还是你即将要做的记忆测试的结果！它能准确预测你的大脑在测试时的反应。如果它能预测成功，它就能预测智力行为，你就完全能通过管理它来取得优势。

在这项记忆测试中，你会拿到一个词语列表。你的任务就是把每个词看一遍，然后尽可能记住它们。如果你不是记忆高手的话，这场测试设计的时间远远不够你记住所有词。所以不要担心分数不理想，这个测试并不是要评判你记住了多少。对你来说重要的是尽可能记住，不论数量多少。

如果只能记住一个词，那也没有关系。你能记住的，就记住。开始后，留意自己的大脑在想什么，它的感觉如何，以及它采取什么方式进行记忆。

当你读完一遍列表后，在不看列表的情况下，写下任何你记住的词。之后，我会跟你一起检查结果。

现在开始以正常的速度阅读以下列表，每个词只看一遍：

房屋	的
地板	此
墙	包
玻璃	绳子
天花板	穆罕默德·阿里
屋顶	颜色
天空	外套
树	和
太阳	的
道路	此
鞋子	鲜花
公交	橘子
手表	狗
和	手指
的	火
此	痛苦
和	猫

1.4 测试与分析

我现在要问许多关于你记得什么的问题，然后给出世界范围内普遍的回答，以及从这些回答中总结出的记忆规律。最后，我会请你思考如何运用每一条法则来改善生活、工作中的各个方面。

本书接下来会阐明记忆导图在许许多多其他应用方面的探索，并进一步说明为什么它是世界上最重要的图表!

1.4.1 问题1

你能记住第一个、第二个、第三个、第四个、第五个、第六个、第七个、第八个、第九个词吗？

请写在下方空白处：

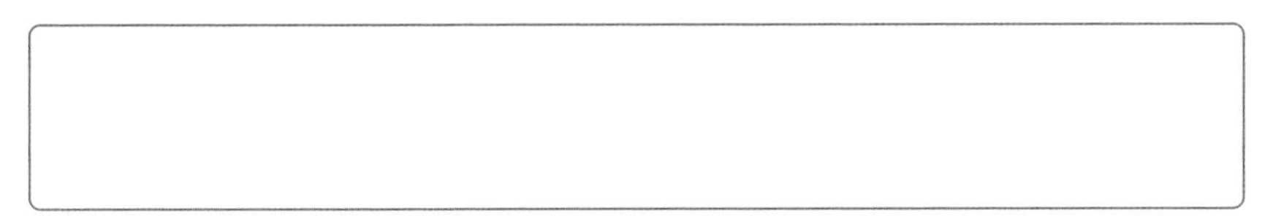

大多数人能记住前两个、三个或四个词，之后数量下降，六七个词之后很多人就记不住了。

随着词量的增加，回忆能力开始下降，这是一种反比关系。（记住九个词就能让你成为万分之一的记忆超群者，并有资格参加全国和世界脑力锦标赛。）

如果看一眼记忆导图，你立刻就会发现这是一张学习期间回忆图。纵轴表示回忆的量，横轴表示从学习开始到结束的时间。

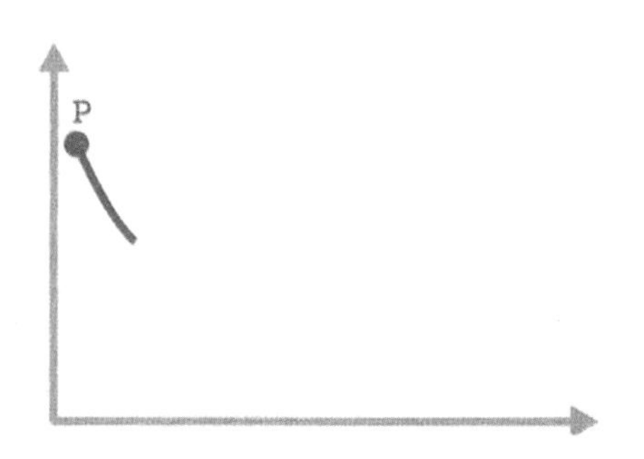

曲线表明了一条记忆规律，叫作“首因效应”（Primacy Effect，故以P点标记）。

首因效应表明在其他条件相同的情况下，大脑更容易记住学习开始时的信息。

问问自己“那又怎样”，并想想这个事实对你自身及他人生活的意义。

在第2章“第一印象：重中之重”中将详细阐述首因效应的重要意义。

1.4.2 问题2

你能记住倒数第一个、第二个、第三个、第四个、第五个、第六个词吗？

如果能记住，请现在写下来：

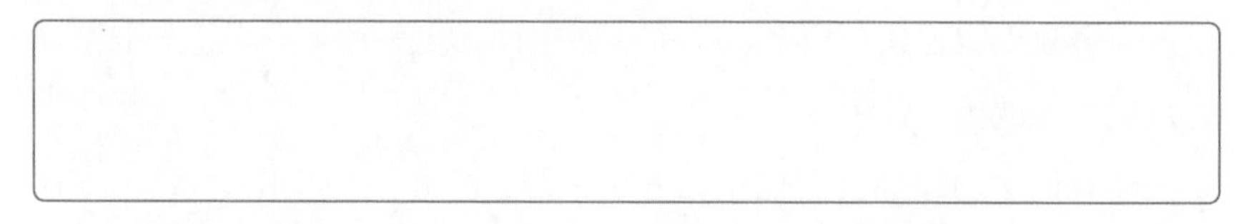

大多数人通常仅能记住最后一个词及倒数六个词中的两三个，剩下的就几乎在彻底遗忘的“边缘”。从最后一个词开始，随着数量增加，回忆的能力在下降，这也是一种反比关系。

因此，曲线的最后一部分表明了另外一条重要的记忆规律——“近因效应”（Recency Effect，故以R点标记）。

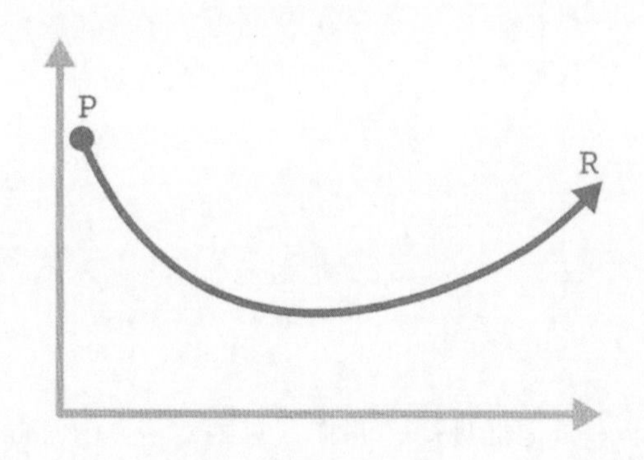

近因效应显示，在其他条件相同的情况下，大脑更容易记住学习结束时的信息。

再问问自己“那又怎样”，并想想这个事实对你自身及他人生活的意义。

第 3 章“如何利用近因效应”会告诉你如何把这条关键法则应用到生活的方方面面。

1.4.3 问题3

你记得列表中任何一个跟其他词语大不相同或脱颖而出的词吗？

如果有，请现在写下来：

绝大多数人（几乎是所有人）都记得“穆罕默德·阿里”。

为什么？因为它是一个象征多感官形象的画面，有别于其他词语。

这个闪耀的词也引出了第三大记忆规律——基于想象的“冯·雷斯托夫效应”（Von Restorff Effect，故以 VR 标记）。

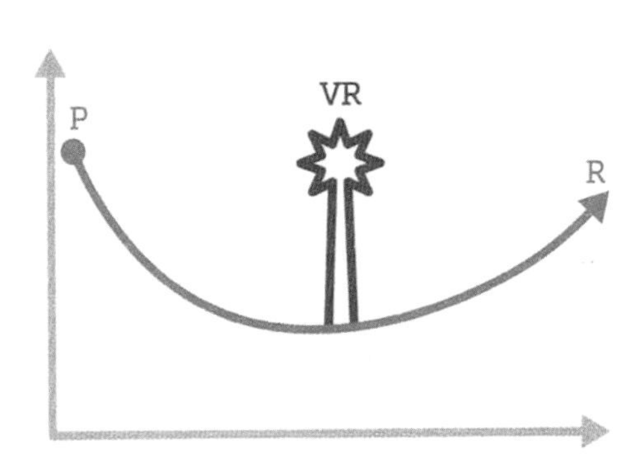

冯·雷斯托夫效应显示大脑在学习阶段更容易记住与众不同的信息。

再问问自己“那又怎样”，并想想这个事实对你自身及他人生活的意义。

第 4 章“砰！冯·雷斯托夫效应”将深入探究这一独特原理。

1.4.4 问题4

你记得任何重复的词语吗？

如果有，请写在下方：

绝大多数人（同样，几乎是所有人）都记得“和、的、此”。

为什么？因为这些是重复词语，它们相互关联，在你的记忆中形成更牢固的纽带。

曲线上垂直的环线显示了第四大记忆规律——“联想效应”，基于脑建立联系的能力（Association Effect，故以 A 标记）。

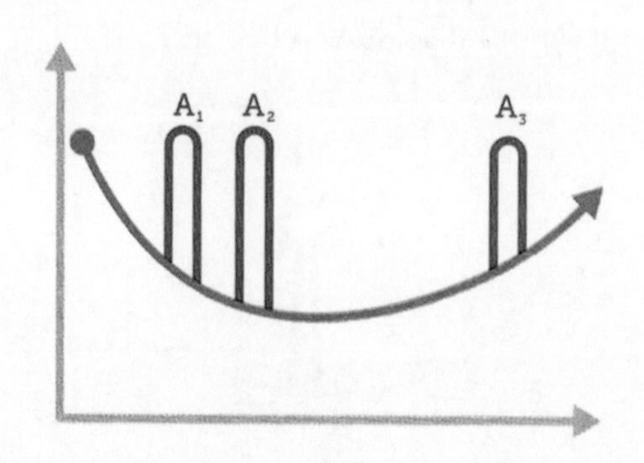

联想效应显示大脑在学习阶段更容易记住相互联系的信息。

再问问自己“那又怎样”，并想想这个事实对你自身及他人生活的意义。

第 5 章“人类元语言：想象与联想”及第 7 章“爱上记忆女神摩涅莫辛涅”中将对此提供更多解释。

1.4.5　问题5

下面是一份新的词语列表。请在你认为已经出现在上一份列表中的词前打“√”。

奇怪的是很多人“想起”了不在原来列表上的词语，包括老虎、月亮、兔子和窗户。看看你能否明白这是为什么。

问题的线索在于这个答案点出了另一个记忆原理——区分理解和误解。

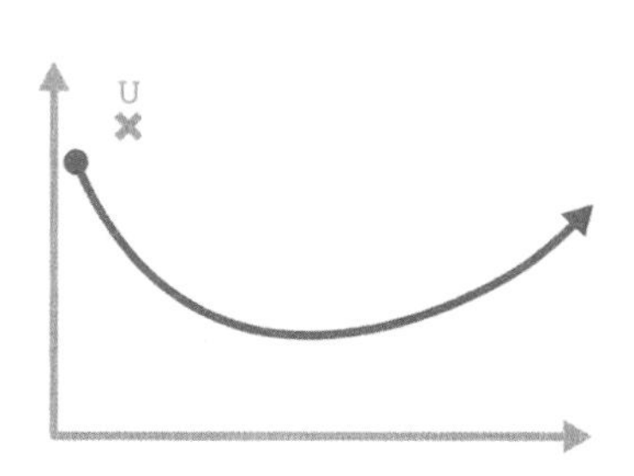

曲线上方的 U× 点表明了第五大记忆规律——“理解和误解效应”，它基于大脑联系事物的能力（Understanding and Misunderstanding Effect，故以 U× 标记）。

再问问自己“那又会怎样”，并想想这个事实对你自身及他人生活的意义。

第 6 章“区别理解和误解”将为你揭晓第五大记忆规律的秘密。

1.4.6 问题6

如果你对测试毫无兴趣，那你最终的表现肯定不如情绪高涨、心里想着“这很有意思，我会尽力做好”时来得好。

记忆导图下方的箭头表明兴趣会提升图表中的数据，即第六大记忆规律——“兴趣效应”，它也基于大脑联系事物的能力（Interest Effect，故以 I 标记）。

关于兴趣效应，我会在第 8 章“达・芬奇：万物互联”中详细展开。

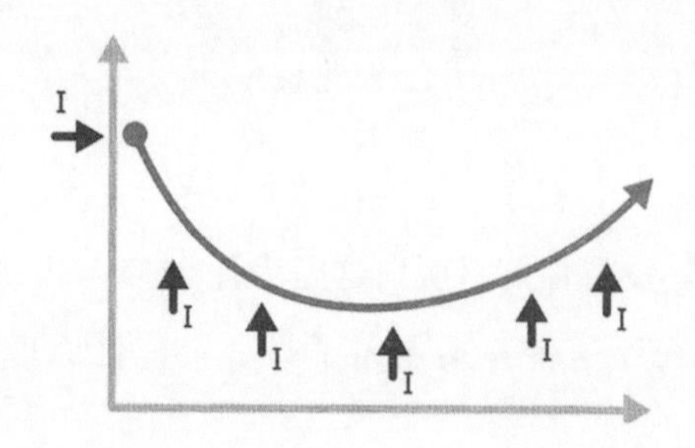

1.4.7 问题7

在上述测试中，当接近尾声时，不知道你有没有对我如何测试或者为何要进行测试有了更深入的理解？通常我们会有“啊哈”的时刻并在那一瞬间觉察到真正的含义——随着学习的深入渐渐掌控“全局”。

意义、格式塔是围绕一个概念集成的所有图像和联想的完整关系网。就像一幅完整的拼图，它是整个思维网络的完整图画。

图表中的“笑脸”代表了第七大记忆规律——“意义效应”，它表示在某个点我们能真正认识到学习背后的意义（Effect of Meaning，故以 M 标记）。

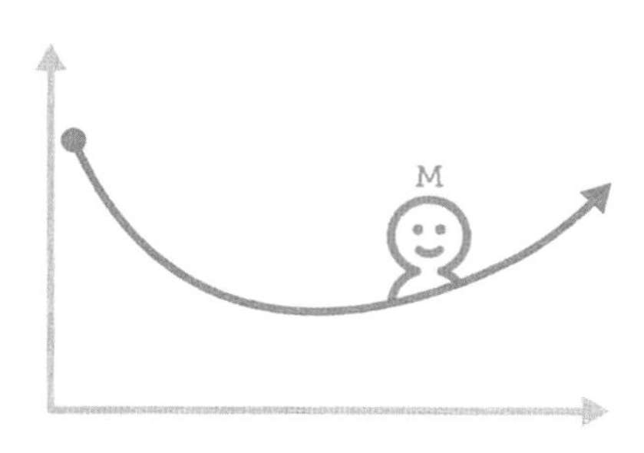

想详细了解这一点，请阅读第 8 章“达·芬奇：万物互联”和第 9 章“发现了！万物各得其所的秘密”。

1.5 记忆导图全貌

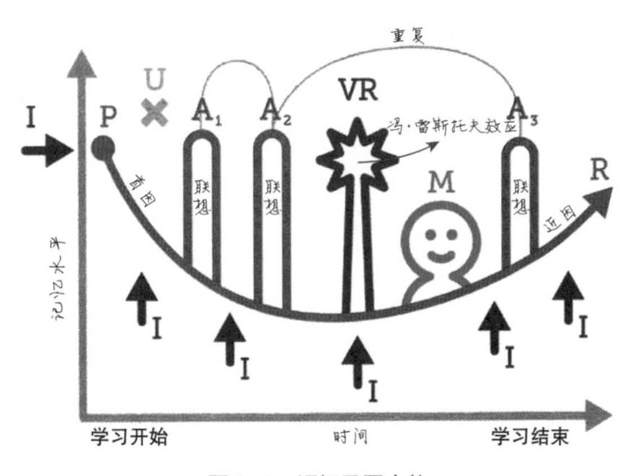

图 1-2 记忆导图全貌

现在你看到了记忆导图的全貌（见图 1-2），并开始理解它的部分意义。

接下来，本书会进一步探索这个全新的内在“小宇宙”的魅力及如何将它更好地应用于你的生活。

这不是常识吗？

如果你观察一下那些看似是常识的陈述，你会发现，不幸的是，它们常常与常识相悖。

通过研究记忆导图的各个要素你会发现，一旦理解了背后的原理，它们就变成了常识。

我预见未来记忆导图会成为全球教育根基的一部分，每个人都知道这些原理，知道它无限的用途并将其应用到自己成功的人生中，以至于不出几年，这会成为人类的常识。

第 2 章

第一印象：重中之重

古希腊哲学家柏拉图曾说：“开头是工作最重要的部分。”正如其所说，也正如你将见证的，首因效应至关重要。问问自己“那又怎样”，并想想这条法则对你自身及他人生活的意义。本章将从会晤、演示、商业、人际交往、时间管理等多个方面详细阐述首因效应的重要意义。

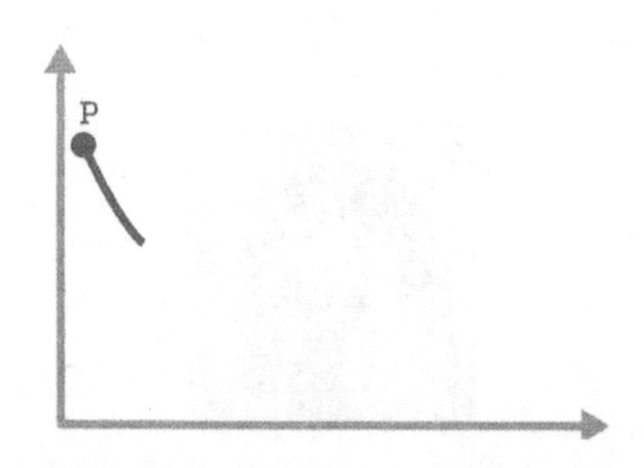

还记得你之前测试中的首因效应吗？在其他条件相同的情况下，学习刚开始时的信息你会记得更清楚。

无论学习时间是45分钟，还是一天、一学期、一年或一生，这条规则都适用。

那么，要怎么运用首因效应才能完全受益呢？

在真正深入学习之前，给你一点关于学习大脑知识的小建议：时不时把接受的信息与自身进行核实。第一个检查点应该是你自己。毕竟，我说的这些神奇的东西你也有一样——大脑。因此，务必检测你所接受的新信息是否与自身经历吻合。

然后，我们来核实一下首因效应。首因效应断言你会记住人生中很多“第一次经历”。记忆导图保证你会记住美好的初恋；同样也保证，如果你有孩子的话，第一眼见过后就会记住。它预测你会记住许多首次事件，比如第一次去某个城市或国家、第一次遇见最爱的人、第一次遭遇危险、第一份工作、第一个重大损失、第一辆车……当然，还有许许多多其他的第一次。

但那又如何？你能怎样利用这些知识？

正如你将见证的，首因效应至关重要。婴儿在成长中会遇到很多第一次，其间隔几乎以秒计算。如果有人问谁是世界上最好的学习者，答案当然是婴儿。

首因效应正解释了为什么婴儿可以快速学习。知道了这点后，我们便可以运用首因效应获取诸多个人优势。

让我们来看一看几个主要的应用领域。

> “知识的保持和复现，在很大程度上依赖于有关的心理活动第一次出现时注意和兴趣的强度。”
>
> 艾宾浩斯，德国著名心理学家

2.1 会晤

研究显示，人们对首因效应时刻（Primacy Effect Moment，PEM）反应迅速。当我们遇到一个人时，不到 10 秒就会对他做出判断——首因决定。你会立即评估遇到的这个人是否友善、危险、讨喜或有趣。

那么遇到这个人的那一刻，对你来说意味着什么？

为什么大脑的构造如此关注 PEM？

从进化角度想想这一切。当你遇到一个人，会出现哪些可能性？会发生什么？你的大脑从生存角度出发会立即计算出无数可能：你可能遇到了一位新朋友；你可能遇到了一位伴侣；你可能遇到了一位未来的同事；你可能遇到了一个敌人……你可能马上要开启一段新的关系或面临失败。

因此你必须立刻非常快速地审查此人。你的大脑在 PEM 处于绝对警惕，而你应密切关注这种状态，并为己所用。

在你的余生中，还会遇见千千万万的人，你需要立即对他们进行解读和判断。同样，你可以确定他们每一个人也都会在同一时刻对你进行解读和判断。因此，你每天经历的这些 PEM 非常重要，它决定了你将给这千千万万的人留下什么印象。

你想怎样出场？你要穿什么衣服才能帮助自己展现最好的第一印象？你想留下什么样的首次印象？目的又是什么？你留下的 PEM 印象在今后的生活中将如何帮助你？

对 PEM 缺乏应有的关注是导致人们忘记被介绍人姓名的主要原因之一。而因关注外部干扰或内在思考导致的局促（常常因为忘记名字和人脸而尴尬），往往使人们无法抓住利用 PEM 获得全部益处的机会。像这样不关注别人的外表、声音、感觉、风度或状态的人，自然记不住对方的名字。

然而，好好利用 PEM 不仅能帮你获得更成功的人际交往，还会帮助你改善记忆。

想一想你对他人呈现的糟糕的第一印象可能带来的关联效应：在餐厅意味着劣质的服务和食物；在机场和海关你可能因为不受欢迎而耽搁更久；在商业场合，不好的第一印象对你而言意味着失去机会，最终损失金钱（可能是财富）。总的来说，不论从长期还是短期来看，都会损失那些想帮助你实现人生目标的人的意愿。

如果你在购物，想想与不好的第一印象相关的自身经历。你还想光顾那个商店吗？

想想别人迟到时你的第一反应。

想想这些“糟糕”的关系及第一印象给双方带来的持续影响。如果你能在所有会晤伊始就给对方留下很好的第一印象，又会发生什么？

2.2 演示

所有的演示都应以令人深刻的第一印象开始。

如果要求演示之前必须有“安全须知”教育，那么请求酒店工程师或其他员工来做，以确保当你开场时第一印象让人深刻难忘。

以告知休息时间、卫生间位置或“请关闭手机”等信息开始演示，并不能让你利用首因效应的力量。想一想，你要让观众听到及记住的最重要的信息是什么？

第 17 章“成功有效的沟通”将给出对高效演示和有效沟通的深入见解。

2.3 第一印象：公司和国家

公司和国家如果能更注重首因效应，将从中大大获益。

2.3.1 公司

许多餐厅、零售公司和食品连锁店都认真调研过顾客进门时形成的第一印象的重要性。其他公司因为没有认识到首因效应的重要性而未给予足够的重视。对一个公司而言，大厦的入口、接待区、前台都是第一印象的组成部分。

邋遢破旧、了无生气的入口，和闷闷不乐、不热心帮助、寡言少语的员工必定会让顾客感到反感。反之，色彩鲜艳的入口和活泼友善、面带微笑的员工是业务成功的关键。

相比会议室和办公桌，公司入口应该花更大的投资。

2.3.2 国家

你是不是经常到国外，下飞机之后遭受时差之苦，疲惫不堪，只想休息放松，却不得不在昏暗的大厅排几个小时的队，行李拿拿放放，坐上大巴，最后见到一位严肃冷漠、指手画脚的官员，像审犯人一样审核你的材料？

有多少次你提着行李走过平淡无奇的过道，它就像老旧的公共机构一般，邋遢又不整洁？

又有多少次，你在前往市中心目的地的高速路上看到的都是单调乏味的广告牌，唯独没有生动的自然景色？

对一个国家的印象可能就因为不愉悦的第一眼而就此抹上负面色彩。

那么，想象一下机场所有的楼层都铺满了地毯，一切都很热情明亮，入境的队伍人少又高效，入境局官员热情洋溢、面带微笑，对倒时差的你表示同情，过道两边有图画和艺术品装饰，从机场到目的地的高速路旁都是花草树木。这样的第一印象是不是大大增加了你对这个国家的好感度？

有一个国家意识到了这个问题，它深刻理解并践行了首因效应的重要意义，建造了如上所述的机场——一直以来被成千上万的游客评价为世界上最好、最受欢迎的机场——新加坡樟宜机场。

2.3.3 教学、指导

每一堂课、每一次集会、每一个学期、每一个学年都应该有非常积极、振奋向上、鼓舞人心的开场。通过这种方式，每门课程都将有一个良好的开端，为学生和老师提供动力与期待，并持续获得积极的教育体验。

把握课堂或培训开始的前几分钟。如果你没把握好这些时刻，很可能会失去为学生创造流畅及难忘的学习体验的机会。优秀的教师和教练懂得如何破冰与暖场。他们不会浪费时间在考核出勤、做一般的公告或者收集试卷上。那太无趣了！相反，他们会让学生立刻投入学习。

如果你试图拼命抓住学生一开始的注意力，可以设计有趣的 5 分钟热身游戏，促使他们思考，刺激他们的课堂兴趣。试试简短的头脑风暴或想象力练习，抛出一个有趣的问题、声明或宣布测验。这些活动奠定了有效的基调，并且可以根据需求定制，在课堂或课程上获得你预期中学生参与和互动的效果。例如，你计划在课堂上进行分组讨论，那就立即分组开始讨论。如果你想要学生自主学习，那就从他们自身擅长而不依赖于你的活动开始。[①]

你也可以利用课前的几分钟创造良好的第一印象。不要急匆匆地掐点赶到，早点到，迎接学生进入教室或培训室。这向学生有效传达了你谦和的性格和平易近人的态度，可以鼓励学生放松心情，热切期待你的教学。

2.3.4 沟通

任何沟通都需要将首因效应作为有效传递信息的主要工具。显然，

① 卡内基梅隆大学，设计与教学课程之“充分利用第一堂课”，http://www.cmu.edu/teaching/designteach/teach/firstday.html。

你需要一个积极的、引人注目的第一印象来开始你的沟通。

> “你有几秒钟时间抓住观众的注意力，只有几分钟的时间保持它。”
>
> 约翰·梅迪纳（John Medina），美国知名神经科学家及发展分子生物专家，畅销书《让大脑自由》作者

如果要演示或演讲，你只有最初 30 秒 ~60 秒的时间来抓住听众的注意力，否则，接下来的时间你没法让他们专心。

人们的开场白通常是这样的：“大家好，我是……很高兴来到这里。今天我将要告诉你们……”多么老套乏味！相反，一开始就要轰动全场，做一个令人震惊的声明或陈述，提出一个惊人的统计数据，询问一个挑衅的问题，或者讲一个有趣的笑话。当然，也可以通过引导“想象”某物，讲述一个幽默或感性的故事，做一个比喻或类比等来挑动听众的神经，让他们更专注。类似的方法还可以列举很多。

要有创意，想一些独特且有效的点子，一开口听众就会被你带动。能做到这一点，就可以确保当你传达关键信息时听众会认真地聆听。

第 17 章“成功有效的沟通”将探索记忆导图在此领域的全面应用。

2.3.5 时间管理

> “如果你每天早晨醒来第一件事就是吃掉一只青蛙，那么你会欣喜地发现，今天没有什么比这更糟糕的事情了！”
>
> 博恩·崔西，个人职业发展领域演说家及咨询家

每周一开始，你就应该规划出本周打算完成的所有重要事项。每天一开始，务必关注最重要的待办事项以及最具挑战的任务，这些一旦完成后就会感到满足和安心。博恩·崔西提出的“吃掉那只青蛙”的概念阐述了一切——“‘吃掉那只青蛙’用来比喻解决你最可能拖延却对你的生活产生最大的积极影响的任务”[①]。

2.4 格伦转移

维克托·格伦（Victor Gruen），美国建筑师，被称为现代购物中心的发明者，“格伦转移”[②]就是以他的名字命名的。

在此理念的设计中，“格伦转移”是指消费者进入一座购物中心后，因为有意错乱的布局而忘记最初的购物目的。最终，他们逗留得更久，闲逛更多的门店，消费更多的金钱。

1978年，正是格伦在维也纳乡间别墅去世的前两年，他开始强烈

---

① 博恩·崔西（Brian Tracy），《吃掉那只青蛙！》（2004年），Mobius出版。

② “格伦转移”（Gruen Transfer），请见维基百科，http://en.wikipedia.org/wiki/Gruen_transfer。

抵制其他人“滥用”自己的设计构思对购物中心进行过度开发。

格伦转移现在被认为是图表原理的操控性应用，在道德上被质疑。这在许多商场和零售店表现得尤其明显，在那里人们会被图画、海报和其他刺激物分散注意力，导致随机联想到本不打算买而现在却想买的东西。

这样做的缺点是，一旦人们意识到他们是被故意操纵而造成冲动购物和时间浪费的，他们不会再那么尊重业主和商店经理，他们的愤怒会滋生，最终选择远离。

试着操控他人是一项短期又短见的策略，因为被操控者必然会发现这一点。

这是在冒险滥用世界上最重要的图表！

2.5 商业中的首因效应

首因效应几乎在所有商业场景中都是必不可少的。理想状态下，你的商业目标是做一些好事,同时又能“赚一两银子”。你要实现这一目标，只有将其与人有效地联系起来，如此他人也会同样与你产生联系。

知道首因效应的意义后，你会意识到它在这些领域的重要性：营销、公共关系、品牌、商标、网站、营业场所、公司风格和文化。

例如，你觉得顾客需要多长时间才能在店里看到你的产品并决定是否要进一步了解或者离开？

1 秒 ~2 秒。

所以，如果第一印象很微弱，他们就会决定离开。因此，第一印象必须要深刻。

公司不能只打价格战。首因效应给出了商业成功的秘诀，就是要细分服务，为客户提供附加价值。

营销和包装必须要设计巧妙，能在最初最关键的 1 秒 ~2 秒内，让顾客直观地感受到你所提供的真正的优质承诺。

你的服务建议书和文件要包含一份主要执行概括，保证客户对关键概念、想法、争论和下一步计划有深刻的第一印象。

在做咨询时，你从客户那里“获取情况”的第一次会议应该力争让客户对你的服务留下强烈的第一印象，以及与你合作的渴望。

在公司接听电话的方式也应该确保深刻积极的第一印象。在客户服务环境中，例如汽车交易的前台应该说，“请问我要将电话转接到哪里”，而不是“我能帮到您吗”，因为你知道大多数电话需要转接给其他部门。

所以请记住：特别是在商业、营销和沟通中，你给对方留下的第一印象必须要好。如果搞砸了，你将花费更多精力和其他效应来弥补不经意造成的损失。

在实际情况中，不到 5 秒时间，你就可能成就或摧毁你的公司。

想想所有与“首要”相关的积极的联想和意义：首要时刻、首要时段、首要位置、首要时间和首要因素。

首要的首因效应！好好利用！

第3章

如何利用近因效应

近因效应令你记住最后的事物，也就是最近期的事物，正如首因效应一样，它也具有很多可以实践的深远意义。本章将告诉你如何在生活、工作的各个方面应用这条法则，让你有效避免负面近因效应带来的不良影响，从而成为积极近因效应的拥护者和实践者。

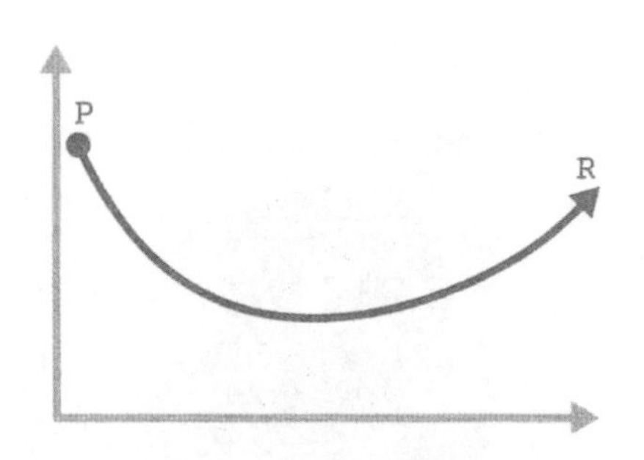

记得第 1 章中问题 2 的测试结果，近因效应指的是在其他条件相同的情况下，大脑更容易记住学习过程中最后摄入的信息。

请再次对照自己的生活经历核实这条原理。

近因效应预测你会记住最后的事物，即最近期的事物。也就是说，你会记住上一次喝酒的时间、地点及相约的同伴，同样也记得上一次聚餐的时间、着装，以及当时的思绪、天气和环境等。

它预测你会清楚记得最后一次假期或度假，包括去过的地方、吃过的食物、喝过的红酒、见过的人和经历过的事情。

近因效应还预测你记得最后一次见到最爱的人是什么时候，无论是今天早上还是 12 年前。不仅仅是你能记得这些，你遇到的每一个人，包括顾客、同事、朋友也都会记住他们和你的“最后一次”。

那又怎样？

如何才能让近因效应为你及你接触的人所用？

正如首因效应一样，近因效应也有很多可以实践的深远意义。

我们怎么利用近因效应呢？

宜家家居令人难以忘怀的客户体验可以感受到近因效应的力量。当顾客走过迷宫一样的货架，穿过收银台，即将要离开商场时，会被餐饮区的冰淇淋、香喷喷的热狗所吸引。这些价平味美的食物塑造了顾客对宜家品牌的终极印象——享受美好。

迪士尼乐园同样是追求卓越客户体验的高手。2021 年 10 月的一个傍晚，在上海迪士尼乐园，医护人员和警察逆行入园，投入紧张的防疫核酸检验工作。一边是排队检测的人群，一边是音乐声响起，一朵朵烟花在童话城堡上方的夜空中绽放！现场的游客和通过视频看到这一幕的人无不动容。尽管过程中有波折，但璀璨的烟花为乐园行画上了完美的句号，也在人们心中塑造出一种属于这个城市的“浪漫主义”印象。

3.1 社交智力和人际智商

结尾至关重要，正如你将看到的，它会在一天中多次出现。任何结尾都应该是积极的，因为你现在知道了它将会被人牢牢记住。

假设你和非常亲近的人吵架，闹得很不愉快，没有解决问题就拂袖而去。如果不论出于何种原因，你再也不能见到他们，那么吵架、痛苦及那些负面的恶语你将永远记得。

负面近因产生的不良影响是相互的。不光是你，你的冲突对象的脑海里也会留下不愉快的记忆。你制造的是一种负面压力。而且在这种情况下，你的身体会产生毒素——你是在自我毒害。而如果问题一直得不到解决，你将永远受到毒害。最后，你会生病。

好了，你从记忆导图和近因效应中学会在道别时要做什么了吗？你必须制造一个美好积极的近因（结束）。每一次与别人分开都是创建一个全新的近因。每一次相遇都可能是最后一次。

首因效应和近因效应适用于你及所有人，包括你的人际网。因为我们生活在一个彼此间联系日益紧密的世界里。

3.2 育儿

另一个常见的例子是早上与孩子道别。父母常常会在与孩子上学分别前这样说:“好吧，孩子，我已经听烦了老师的各种告状，所以保证今天乖乖的，不要让我再接到老师生气的电话。知道了吗?”

这样一个消极的告别很可能是孩子对你的最后记忆。而我认为，这绝不是你想要的。

分别时，你必须考虑到近因效应，尽量鼓励孩子。忽略他们之前的不良表现或带来的麻烦，你必须说一些好话，例如:“你知道我爱你，今天在学校好好表现，过来给我一个拥抱。”这对孩子来说是多么美好的记忆。除此之外，积极的近因记忆会输送“有益的化学物质”进入人们的身心系统，为创建更加健康的未来打下基础。

3.3 现在就做

你是不是像很多人一样，余生都在希望自己最后一次见到某人时，说出诸如“我爱你”“我一直仰慕并敬重你”“你是我的英雄/女英雄”等话语，而遗憾的是，当时的自己却浑然不知那就是最后一面。

想想所有你希望赞美的人，不吝啬称赞，从今以后把它列为首要任务吧。

3.4 睡前

永远不要在睡觉前对你的爱人生气。如果你生气的话，这一整晚都在毒害双方。怒火在睡眠时间就像一个巨大的不断膨胀的疮，毁坏睡眠原本的正常修复功能。

如果你们一直在起冲突，那么确保在今天结束前解决所有问题，并且要从这个解决方案和你们的真爱中获取正能量。

3.5　争吵

假设你是积极近因效应的拥护者和实践者，但你发现自己正处于“第二十二条军规”[①]的处境：你正和你爱的人进行一场不打倒对方誓不罢休的恶战。然而尴尬的是你要赶飞机，根据时间预测，你不得不在冲突最激烈的时候离开。

你能说什么？

你会不会说：“现在闭嘴听我说，你知道我是对的，我不想再听你说起此事。再见！”

不，你不会。

这不是真正的“第二十二条军规”的处境。为什么？近因法则是绝

①《第二十二条军规》，约瑟夫·海勒（Joseph Heller）著，这部小说被誉为黑色幽默文学的经典作品。《第二十二条军规》规定，疯子可以免于执行飞行任务，但必须由本人申请。作者以此来讽刺那些表面看起来合理，实际却荒诞无比、让人无法逃离的规定或道理。

对真理，给你提供了机智又体贴的方案。根据上述的理由，你必须给对方留一个积极的印象。因此，你可以选择说："听我说，亲爱的，这个争论我们可以稍后慢慢再说。最重要的是，我爱你。给我一个拥抱，我到达后会立刻给你打电话。"

3.6 休息

在现代社会，"24×7"的整体概念已经成为强悍的口号，鼓动人们一分六十秒、一小时六十分钟、一天二十四小时、一周七天不停地工作。休息似乎已经令人难以接受。

被看到无所事事可能会被当成无赖。想想经常被问及的一个问题，同样是工作期间，"允许吸烟休息是否对不吸烟者不公平"？[①]

这种错误的心态导致越来越多的人对休息感到内疚——包括任何形式的休息，如工作日的休息、周末的休息，甚至度假和假期。

而记忆导图要求你：必须休息。

休息会给人们带来巨大的好处：它给大脑充足的时间"温故而知新"；

① 艾莉森·格林（Alison Green），"允许吸烟休息是否对不吸烟者不公平？"，《试问经理人》，2011年1月6日。

它允许大脑恢复精力；它允许身体调整放松；它还创造了额外的近因和首因从而提高整体表现，并且允许身体为下一个工作、学习阶段重新生成和聚集能量。精神休息（抽出5~10分钟舒展身体或走动走动）和远离网络（至少每周一天远离现代科技）都是至关重要的。

亚当·伯蒂格（Adam Boettiger），网络营销专家及《数字海洋》的作者，建议人们采取“网络度假”的方式。“每半年我就会休息一到两周，完全远离网络，只用手机和语音邮箱工作。”雷莫·里格比（Rhymer Rigby）说，“整个想法就是彻底拔掉插头。整天埋头在信息管道里非常压抑。”[1]

身体需要一段时间停止吃喝，以让整个消化系统休息。同样，它也需要暂停一下日常或单调的活动。因此，给自己一段休息、一顿斋戒非常重要！

你的双眼要定时远离电脑屏幕。想象一下，如果你举起手臂与肩膀平行，不一会儿就感觉酸痛了。而眼睛也一样，长时间盯着电脑屏幕不休息也令人疲惫。所以，确保办公桌、电脑的位置，让你可以定时看看窗外（活动眼部肌肉），稍作休息，让眼睛专注于不同的事物。

稍微思考一下，你就会意识到，从定义上讲，休息是在创造一个新的近因效应。它增强了对休息之前所发生事情的记忆。此外，当你休息完回来时，它又能创造一个新的首因。

除了创造新的首因和近因，休息也能让大脑吸收及“沉浸”在之前发生的事情中。即使在写作和编辑这本书的时候，我与合著者每小时都要休息5~10分钟。因此，当我们回来继续工作时，常常会迸发新的思路、想法和应用。

记忆导图告诉你，如果想要反省自身为某事内疚的话，就为自己缺少休息而内疚吧！

让自己放松一下吧！

---

① 雷莫·里格比，“警示：干扰过度。”《金融时报》，2006年8月23日。

3.7 演示

近因是首因的孪生兄弟。因此，在建立一个积极的、包含信息的首因效应的同时，你需要以同样的方式总结近因效应。

你最好总能以某种带有执行性的号召形式来结束演示。在规划演示文稿时，始终记住“我期待听众看到什么、感受到什么、表达什么，或者演示结束后能做点儿什么”。在某些情况下，如上一节所述，号召不采取行动，即休息的时间就应该休息。

3.8 从容的近因

不要在会议或活动结束时匆忙离开。策划整场活动并一直待到最后，这样才有时间整合近因，进入长期记忆，而不是急急忙忙赶往机场或者回家。

本章也到了它自身的近因效应时刻，试着将它有力地应用到你以及你的家庭和朋友身上！

记住，近因支配！

第 4 章

砰！冯·雷斯托夫效应

本章将深入探讨冯·雷斯托夫效应这一独特原理。通过不同凡响的创新之举或是独领风骚的出彩表现，你会深入了解自身的天赋和独特之处，并发现冯·雷斯托夫效应在影响个人或他人方面的巨大潜力。

还记得第1章测试题中的穆罕默德·阿里吗？这个与众不同的词引出了第三大记忆规律——基于想象的冯·雷斯托夫效应——人类大脑会记住任何在背景中凸显的信息，特别是涉及多感官的图片。

换言之，大脑能记住任何特别或异常巨大的、微小的、明亮的、生动的、吸引注意力的、“抓住眼球”的东西。

如前所述，每当你接收到新信息时，最好以此检阅一下自己的大脑及其产生的活动。

冯·雷斯托夫效应预测你将以与其他人一样的方式回答下面的小测试。

请你在下方的城市和国家名称旁写出当你读到这些地名后脑海中第一时间浮现的人造建筑或结构。

法国巴黎 ______________________________

埃及开罗 ______________________________

澳大利亚悉尼 ______________________________

中国 ______________________________

印度 ______________________________

在世界各地对该测试进行的现场调查中，不论年龄、性别、母语、国籍或教育水平有何差异，超过90%的被测试者给出了以下答案：

法国巴黎——埃菲尔铁塔、巴黎圣母院

埃及开罗——金字塔、狮身人面像

澳大利亚悉尼——歌剧院、海港大桥

中国——长城

印度——泰姬陵

自信地说，我敢确定你跟全世界大多数被测试者的反应是类似的。人类大脑总是会记住突出的、大型的、与众不同的事物。“飞跃地平线”是上海迪士尼乐园极受游客欢迎的项目之一。这是一段激动人心的环球之旅，游客从空中欣赏一帧帧美丽的景致——从澳大利亚的悉尼歌剧院，到德国的黑天鹅城堡，再到中国的长城。我们可以透过这些特别设计的特别景色，感受到项目设计人员深谙这一效应。

冯·雷斯托夫效应预测当你和你的爱人回忆过去时，你会说这样的话，例如：“你还记得我们上次度假时看见的最美丽的日落吗？”“那难道不是你见过的最精彩的进球吗？”“他是不是你遇到过的最差劲的人？”

确实，回忆就是在回顾我们生活中的亮点——一点点地搜索冯·雷斯托夫印象！

在每项体育比赛中，每一个殊荣与奖项的授予无不符合冯·雷斯托夫效应：最准的射击、明星级表现者、最快的速度、最佳运动风尚，等等。

所以再问一次，我们要如何将冯·雷斯托夫效应应用到生活中的所有领域？

4.1 故事/电影创作

我们的大脑总能记住最急速的飙车、最剧烈的爆炸、最大型的邮轮、最新颖的观点和最生动突出的意象。

想一想……

- 《2001：太空漫游》的开场
- 《乱世佳人》中的“永志不忘”“坦率地说，亲爱的，我一点也不在乎”
- 《星际迷航》中的“把我送上飞船，史考特”“宇宙，人类最后的边疆”
- 整部《幻想曲》
- 《黑客帝国》中躲避子弹的慢动作镜头
- 《豪勇七蛟龙》中的枪战场面

请在下方空白处写下你最喜爱的电影场景：

如果你参与任何形式的媒体工作，你需要努力创造和设计出强烈的冯·雷斯托夫效应！如果你天赋异禀，你会创造出一个不同凡响的画面，在未来几个世纪都被人们记住，那将堪称冯·雷斯托夫效应中的冯·雷斯托夫效应！

4.2 设计

设计第一个 iPod 时，史蒂夫·乔布斯和苹果公司的团队想保持设计风格的简约性，包括采用白色作为所有组件的颜色。这一方案也适用于耳塞或耳机以保持一致性。但他们没有意识到，当时只有 iPod 有白色的耳塞（之前大多是黑色的），因此白色的耳塞形成了一个冯·雷斯托夫效应，并且迅速成为身份的象征。即使 iPod 被隐藏在夹克或口袋里，人们也能一眼就分辨出谁酷或谁不酷。

4.3 营销和公关

同样，冯·雷斯托夫效应也适用于营销和公关。你的产品、服务、演示文稿、宣传册和赠品都需要从群体中脱颖而出。

"'紫牛'的本质：它在一群绝对强壮甚至不可否认的优良牛群中闪耀的原因是，它很引人注意。引人注意即值得谈论、值得关注，相较之下无聊的东西则很快变成隐形。"赛斯·高汀（Seth Godin）在其畅销书《紫牛》（*Purple Cow*）中这样写道。

许多广告具有"穿透性"。知名的如老香料（Old Spice）的新广告——"在马背上"及多芬（Dove）的"真美"活动。事实上，在网络上有一份清单列出了 100 个最有趣且最有创意的平面广告。[1]

在家喻户晓的饮料"王老吉"的广告语中，"怕上火"这三个字为

---

① "100 个最有趣且最有创意的广告设计"，Creative Nerds 网站，2010 年 2 月 8 日。

品牌赋予了独特的应用场景。

火锅界的巨星“海底捞”，最让人津津乐道的不是火锅的口味，而是它“变态的”服务。例如，有些门店的服务员看到顾客独自一人用餐，会贴心地在顾客身边摆放一只超大的卡通玩偶，让可爱的玩偶陪伴用餐。

幽默对事物特征的凸显发挥着重要作用。比如下面的宣传横幅，就是一个很好的示例，可以让酒店成为“街谈巷议”的对象：

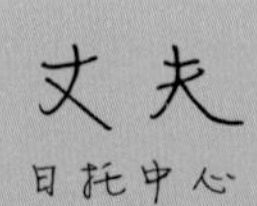

4.4 演示

现在，一切都变得相当明显了！在任何演示中，你都需要一些闪光的时刻，以巩固观众对演示的保留和回忆。这些闪光点可以放在演示的开始和结束，这样做可以进一步加强首因和近因效应，也可以放在中间部分，以提升中间部分较为松弛的节奏。

有一些行之有效的方法可以使你的演示脱颖而出，某些技巧也可以帮助观众记住你和你要传达的信息。开发一个具有代表性的故事——一个精心编排、非常难忘、新颖独特的故事，并辅以道具、颜色、图像、标志、代码、符号、鼓、乐器、问题、轶事和笑话等。如果一位演讲者形成了他的冯·雷斯托夫效应，就像学会了向在座观众的上空投掷一个回旋镖。

4.5 游击营销

一些游击营销人员善于操控性地使用冯·雷斯托夫效应。例如，我相信你肯定有在电视上观看节目的经历，广告一开始音量突然就增大了。这种对音量的操控迫使你的大脑注意到急剧的冯·雷斯托夫效应。

一旦你了解了冯·雷斯托夫效应，就知道这种操控揭示了广告商的真正动机，并让你能有意识地抵制入侵。

对冯·雷斯托夫效应的了解有助于你获取优势，还能让你对他人不合乎道德的营销方式反应更加敏锐。

甚至杰伊·康拉德·莱文森（Jay Conrad Levinson）创建游击营销的方式本身就是一个冯·雷斯托夫效应的故事。这一切始于20世纪70年代，在加州大学伯克利分校，杰伊的一个学生问道："杰伊，大多数在这个房间里的人都留着长发，穿着Levi's，有伟大的商业想法，却对如何营销毫无头绪。你能推荐一本书给我们读吗？"

杰伊说他会的。但是，找遍了旧金山湾区的所有主要图书馆，他也没有找到一本中意的书。因为市面上所有的营销书都是为拥有大量营销预算的公司写的。为了履行他对学生的承诺，杰伊写了一本书《527种不花钱的营销方式》，后来演变为《游击营销》。

这就是冯·雷斯托夫式提问——这位提问的学生叫比尔·盖茨。

4.6 世界上最大的思维导图

创造世界上最大思维导图的初衷是想让所有人都能了解思维导图。最好的方式是"大声疾呼"，而世界上最大的思维导图确实有这种效果。

冯·雷斯托夫效应首先渗入大脑，然后渗入心灵。印证这个想法需要 1850 名学生的参与。每一双手都参与制作了这幅巨型的思维导图。这涉及 15 所学校，每所学校安排了至少 3 名教师监督学生。

曾经最大的思维导图于 2007 年 11 月 13 日在新加坡管理学院（SIM）展出，在场观众超过 3000 人，包括 SIM 的学生、其他学校的在校生以及来自 17 个国家的 300 名国际代表。

这幅宽 14.6 米、高 10.1 米（相当于 4 层楼高）的思维导图吸引了各大媒体的目光，在报纸、杂志、电视上都有所报道。一项伟大的壮举获得了一个圆满的结果！

令人高兴的是，2011 年，又一个冯·雷斯托夫效应出现了。来自越南胡志明市经济大学的学生聚集在一起，创造了一幅 600 平方米的思维导图拼图。莲花形状的图由 1500 名学生花费约 17 个小时将 551 232 个小块拼接而成，打破了吉尼斯世界纪录，是世界上最大、拼图块最多的思维导图。[①] 这项壮举把思维导图带到了另一个新高度！

这些都是冯·雷斯托夫效应和游击营销策略相结合的优秀例子，是即便花费了巨额广告费也购买不来的注意力。

你能做什么使你的项目或业务脱颖而出呢？

---

① “城市学生创造世界思维导图纪录”，《越南青年报》，http://tuoitrenews.vn/cmlink/tuoitrenews/lifestyle/city-students-set-world-mind-map-records-1.45713/7.63568。

4.7　表演

即便没有意识到行为背后的理论，但是几乎所有的表演者都在努力营造冯·雷斯托夫效应——在表演的过程中利用某些元素使自己脱颖而出，由此让人难忘。

这在音乐界最为明显，为了引起注意，摇滚乐队和明星们用尽各种手段，比其他任何人摆弄更多的吉他，比其他任何群体留更野性或更长的头发，穿着最前卫、最奇特的服装。

然而在许多情况下，这些人只是糊里糊涂地做了冯·雷斯托夫效应的奴隶，利用它攫取名声，而没有意识到他们的某些行动带有自我毁灭性。

理想情况下，冯·雷斯托夫效应通常能产生积极的效果，如迈克尔·杰克逊的《天下一家》(*We are the World*)和鲍勃·格尔多夫的《拯救生命》(*Live Aid*)。

4.8　名片

名片是一个首因效应工具，也应该形成冯·雷斯托夫效应。

如果你出示一张沉闷、劣质、字体小的名片，在视觉和触觉上都令人不快，那么你的潜台词就是："我是一个无趣的人，不值得被记住！"

因此，确保你的名片使用最好的纸张，色彩鲜亮，印刷清晰大方，有醒目的图像或标记，触感好。递出这样的名片就是对接收的人说："我是一个有趣的、注重品质的人，我很有诚意在你我的关系上投资。"

如果你只有机构提供的白色的、单调的商务名片，那要如何应用冯·雷斯托夫效应呢？当你把名片递给新结识的人时，尝试在上面写一些有价值的东西，或者从你参与的活动中引用一些对他人能产生帮助的内容。

如果你从某人那里收到一张普通的名片，请在上面写下关于他本人以及他的业务或会议的一两个关键词，以提醒自己这个人的存在或他的兴趣喜好。稍后，通过电子邮件发送给对方一些他喜欢的东西，如文章或网站链接。这将使他记住你，因为你可能是他遇到过的唯一努力跟进的人。记住：建立人际网络在于给别人回馈或提供价值，所以加一个关键词或个人注释，会对你有很大帮助。

4.9 慈善

慈善组织活动是通过使用冯·雷斯托夫效应获得良好效果的一个典型例子。这非常鼓舞人心，因为这说明致力于帮助他人的慈善组织处于智慧地应用冯·雷斯托夫效应的前沿。

这样的例子比比皆是。大型的运动如红鼻子节、大胡子月、乳腺癌粉红丝带日、食品援助行动，以及大众喜爱的慈善超级马拉松和乐趣跑，还有前文提到的大型文体活动，如鲍勃·格尔多夫的"拯救生命"慈善演唱会。

4.10 礼物

当你为亲人或朋友挑选礼物时，尽量避免俗套的选择，一般的礼物会让别人感激，但不一定能记住。我们都知道“重要的是表达心意”，所以多花点心思，确保你的礼物能形成冯·雷斯托夫效应，让收到礼物的人能够清晰地记住这个特殊的庆祝，充满喜爱并且露出满意的微笑。

最近的一个有趣例子发生在我的助手詹妮弗·戈达德身上。她正为送 79 岁的婆婆什么生日礼物而犯愁。婆婆特别交代生活中想要的都有了，不想再要任何礼物占用家里的空间。

但詹妮弗仍然希望能表达自己的爱意和敬佩，就为她设计了一条 18“克拉”的项链（见图 4-1）。

看看下图中收到礼物的人流露出的喜悦之情。收到礼物一年多后，詹妮弗的婆婆还时常跟人谈论起这件事。

图4-1 18"克拉"项链

4.11 记忆

冯·雷斯托夫效应是大脑的自然需求和功能。它可以让别人记住你，也能让你拥有更好的记忆能力。

每当你给笔记中的重要观点加下划线或突出显示时，你都在创建冯·雷斯托夫效应，这么做能提高你的回忆能力。

这也引出了思维导图。

4.12 思维导图和冯·雷斯托夫效应

我最初创建思维导图是将它作为一个记忆工具。但事实上，思维导图可以说是众多冯·雷斯托夫效应的关联网络——包含关键图像、关键词和关键概念的关联网络。每一个“关键”从定义上说都是一个冯·雷斯托夫效应。思维导图作为一个工具，帮助你把众多零散的“冯·雷斯托夫”连接在一起，以创建一个超级冯·雷斯托夫效应——一张完整的思维导图（见图 4-2）。

4.13 警示

与所有的心理技能和工具一样，冯·雷斯托夫效应也存在被滥用的潜在风险。因此，确保你创建的冯·雷斯托夫效应是积极的，并产生与目标相关的适当关联。

不幸或不适当的冯·雷斯托夫效应的例子包括最差或最不适当着装的人、最糟糕的表演或会议的组织、在面试时睡着了的招聘代理人、周末早上 7 点使用树叶清理机的酒店园丁、过分失态的政客，等等。

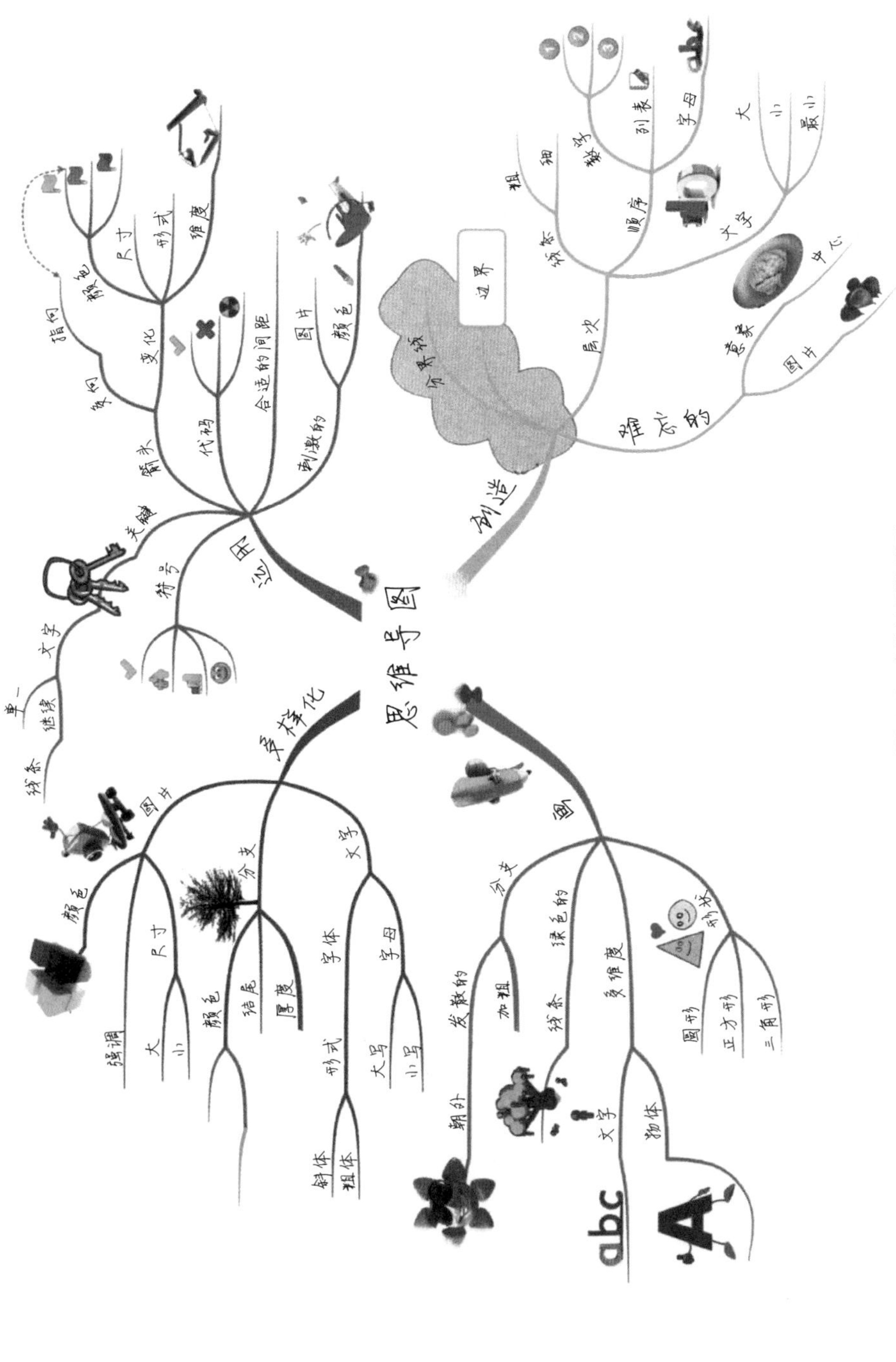

图 4-2　完整的思维导图

想想你自己的例子，如果你希望凡事都能获得一个积极的结果，那就一定要考虑你的“冯·雷斯托夫”可能给他人带来的影响。

4.14 教学/辅导

另一个冯·雷斯托夫发挥人生导师作用的例子体现在教师与学生的关系上。

过去几十年，我经常向许多听众提问：“有多少人因为某个老师、别人说的一句话或做的一件事而改变了人生的方向？”

令人惊讶的是，在所有国家几乎都有超过50%的人举手。大多数人因为老师、叔叔阿姨、爷爷奶奶或一个重要的朋友，让他们在某个科目、某个职业领域、日常生活或特殊情境下发现了新的可能。

这是冯·雷斯托夫效应带来的诸多优秀例子，并且反驳了个人从根本上无能为力、无法带来重大变化的世俗印象。

如果老师对学生说的一个“冯·雷斯托夫”可以改变学生的人生方向，那么随着该学生持续不断地改变其人生方向，就产生了一个持续的、长期的影响。

> “就是那些疯狂到以为他们能够改变世界的人才能真正地改变世界。”
>
> 史蒂夫·乔布斯，苹果公司创始人及前首席执行官

因此，你所说的话和你所做的事可以对他人产生深远的影响，并延伸至整个人类社会。

想想冯·雷斯托夫式的想法和行动，那些你可以说出来的话、可以采取的行动，能够带来积极的变化。

我之所以恳请你们小心选择你所制造的冯·雷斯托夫效应和你的言行举止，是因为我在调查中也问了被访者，有多少人的生活、想法和信仰受到了生活中重要人物的负面影响，举手的人与之前一样多。

> “10岁的时候，我的芭蕾舞老师说我的臀部太大了。后来我多年饮食失调。”
>
> 波西娅（Portia）如此告诉《女性生存宝典》（*Women's Stuff*）的作者卡兹·库克（Kaz Cooke）

因此，确保在应用冯·雷斯托夫效应和联想效应时，你可以起到积极引导的作用，而避免造成可能导致破坏或粉碎梦想的难忘事件。我们的目标是始终努力帮助他人实现梦想。幸运的是，有效地使用冯·雷斯托夫效应确实能够做到这一点，这已被许多教师、培训师、专业演讲者、作家和生活导师所证实。

例如，圣雄甘地的冯·雷斯托夫式名言“欲变世界，先变其身”影响了数百万人。同样地，合理利用冯·雷斯托夫效应和记忆导图将会增加你创造改变的可能性。

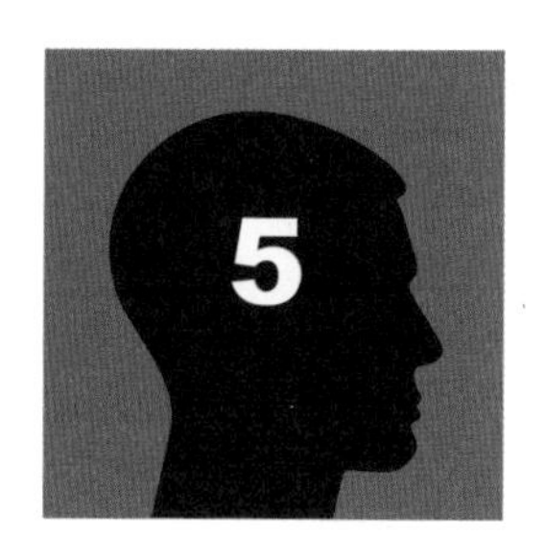

第 5 章 人类元语言：想象与联想

本章利用有趣的想象游戏论证了人类的通用语言——想象和联想，诠释了为何想象和联想才是最佳的沟通方式。这些知识，结合本章提出的强大的演讲技巧工具“关注三个核心想法或联想”，会让你进入语言的自由世界，突破不同语言之间的障碍，发掘出自身巨大的潜力。

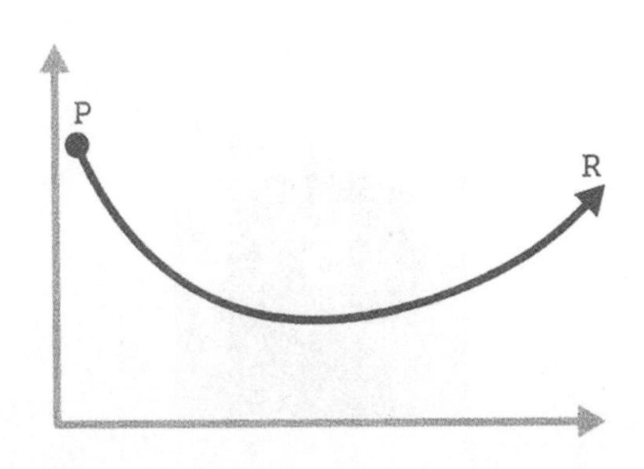

还记得第1章测试题中揭示的第四大记忆规律吗？这涉及记忆基础的两大关键词——想象（包含冯·雷斯托夫效应）与联想——大脑具有建立联系的本能。

这两大至关重要的原则表明，大脑能更有效地记忆产生多感官刺激且形象生动的影像。同样，大脑也能更有效地记忆存在紧密关联的事物。

为了研究这两个概念的意义，首先请你在下方空白处写下自认为的第一语言或主要语言是什么，并且猜测我的第一语言或主要语言是什么。

绝大多数人对以上问题的回答都是自己的母语，如“汉语”“英语”“西班牙语”“日语”“祖鲁语”“葡萄牙语”“俄语”“阿拉伯语”或者“印度语”等。

对我而言，你肯定觉得是“英语”。

然而对以上的每个回答，我都要说“不是”“不是”“不是”“不是”“不是”“不是”“不是”“不是”“不是”，还是“不是”！

我认为你们的第一语言都不是你们所回答的，为证明这点，我们一起来玩一个想象游戏。

在这个游戏中，我想请你想象自己是一台超级计算机，配有一个无限量的数据库（你的记忆）。我要请你访问一条数据，在你执行的同时回答以下问题，以此来自我检查究竟发生了什么：

1. “我访问这条数据要多长时间？”

2. “我的大脑访问了什么？它提供了什么？”

3. “当大脑被这条数据刺激时，它反馈的信息是否有任何颜色或者感官关联？”

让我们开始吧。你会在下方看到一个关键词。看一眼后立刻闭上眼睛，然后完成以上三个问题进行自我检查。

当你全部完成后，睁开眼睛，再回到这一页，在下方写下答案。

关键词：“香蕉”

此处作答：

那么你的结果是什么呢？

5.1 问题1

“我访问这条数据要多长时间？”

大多数人的回答是：立即、瞬间、微秒、纳秒、弹指间。

想想这意味着什么。意味着你的大脑能够从一个无限量的数据库中瞬间访问任何随机抛出的信息！没人能否认，你的大脑是如此神奇和绝妙。事实上，没有科学家或神经科学家能够解释为什么我们拥有如此神奇的联想能力。如果你能解释，你就能获得诺贝尔奖——“弹指间”就获得了。

再次强调联想在记忆中发挥的作用，是大脑的联想能力允许你立即“调出”相关的数据。你的联想能力使你几乎每一秒都能做到这一点。

如果有超能力存在的话，联想就是那个超能力。

5.2 问题2

“我的大脑访问了什么？它提供了什么？”

你的大脑里是否有一个小小的语音计算机拼出“x-i-a-n-g-j-i-a-o”？

绝对不是。

过去50年里我做了上万场实地研究报告，几乎来自世界各地的人（不论年龄、教育程度和母语的差异）都百分之百地表示，大脑“反馈”给他们的是图片或意象。

5.3 问题3

“当大脑被这条数据刺激时，它反馈的信息是否有任何颜色或者感官关联？”

再次，几乎每个人都反馈他们经历了颜色和多感官的联想，包括纹理、味道、气味和以前关于香蕉的记忆。

此刻，一个“关键时刻”已经揭晓——我们的主要语言是想象和联想（见图 5-1）。这是我们每个人都会说的人类语言，世界上的每个孩子都会用这种语言来学习一切。

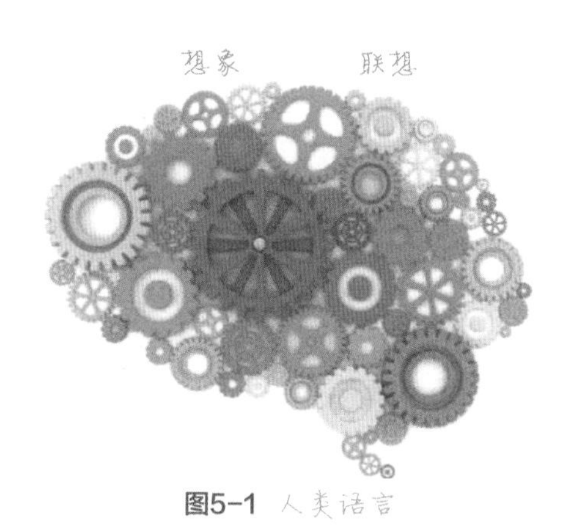

图5-1 人类语言

我们的本地语言只是一个非常重要的子程序。

除了你刚刚完成的思考实验能验证这一点，它通常也被非常年幼的孩子所证实。你会经常听到父母说：“你不能和那些孩子玩，因为他们和你说的语言不一样。”然而不出半分钟，孩子们就违背了父母之命，并愉快地与新交的“好朋友”一起玩了。这是因为所有的孩子都会说一样的语言——想象和联想。

我们都说一样的语言。

因此，记忆导图让我们认识到，不同语言的产生是由于不同的大脑，这个假设的谬误程度甚至到了可笑的地步。事实上，人类拥有相同的大脑模型。

如果我对你说“Ping Guo”“Manzana”“La Pomme”“Tuffaha”或“Ihabhula”，你的大脑里会出现什么？

在多数情况下，除非你是一位高级语言学家，否则可能“一片空白”，因为这些发音不会引发任何联想。

令人开心的是，这些发音在汉语、西班牙语、法语、阿拉伯语或祖鲁语中都表示“苹果”，这表明全世界发明这些发音的人类大脑是相同的。

几百年前，几个法国人站在一棵苹果树旁边，讨论他们看到的水果（实物）应该叫什么。当他们看不到这个水果时，不得不重新创建一个大家都认可的发音来触发意象。在无限可能的发音中，他们选择了“La Pomme”。

大约相同的时间，一群西班牙人也在经历完全一样的思考，同样，在无限可能的发音中，他们选择了“Manzana”来代表苹果。

任何部落都可以选择任何发音来联想和想象他们希望共同回忆的意象。

他们使用联想和想象产生的发音结果虽然大相径庭，但他们最终确认发音引发的人类思维过程是完全相同的。

你遇到的每个人都会说你的语言。唯一的区别是你在母语中学到的几千字的子程序。

一旦你意识到这一点，与地球上任何地方的人交谈和沟通都将变得更加有趣、容易和愉快。这也正是你应该在演示文稿时使用图像和关键词，以及用思维导图总结关键文件的原因——思维导图使用了大量的图像，大大促进了多文化交流。

许多跨国公司密切关注其业务或产品名称的翻译，以确保客户做出最合适的关联。与此同时，它们也应该适当考虑名片翻译。

为了进一步证明想象与联想在人类语言中发挥的主要作用，想象一下，当你身处一个与你有着完全不同语言的国家时，为了沟通，你会像个幼儿一样，只用动作（比划手势、指指点点、摇头点头）来寻找关键词。你尽一切力量创建意象和联想。

在智力时代，如果我们想与同伴交流，必须优先考虑通过意象和联想来沟通，其次才是作为子程序的本地语言。

我们的伟大精神领袖都是“优秀的沟通者”。他们善于使用寓言、故事、隐喻、比喻、举例和图像，这绝不是巧合——他们使用了本能所赋予的想象与联想的力量。

关于大脑的这两大主题将在下面的内容中进一步展开。

5.4 好事成“三”

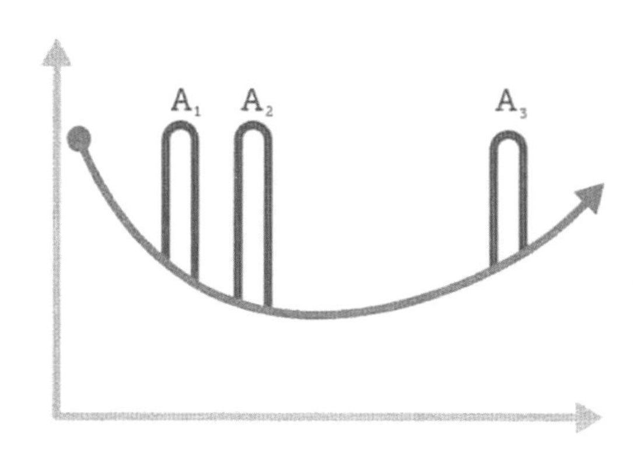

优秀的演讲者能利用好“关注三个核心想法或联想”的强大工具来让他们的演讲内容令人难忘。苹果公司前首席执行官史蒂夫·乔布斯的年度产品发布会正是因此而出名。[①] 他没有一一列举产品的所有功能，而是将关注点集中到三个核心元素上。同样，他 2005 年在斯坦福大学所做的著名的开学演讲中，当谈到关于死亡的故事时归纳出了三个关键点：

1. 那意味着你要把未来十年对你的孩子说的话在几个月里说完。

2. 那意味着你要把每件事情都安排好，让你的家人以后尽可能轻松地生活。

3. 那意味着你要说“再见”了。

> “三规则的神奇之处在于它让你表达一个观点，然后再次强调，最后让人记住。”[②]
>
> 安德鲁·德鲁根，公众演说家及演讲技巧培训师

关于三规则的例子：

奥巴马，就职演说：“从今天开始，我们必须跌倒后爬起来，拍拍身上的泥土，重新开始工作，重塑美国。”

尤里乌斯·凯撒：“我来到，我看见，我征服了！”

亚伯拉罕·林肯，葛底斯堡演说：“一个民有、民治、民享的政府。”

莎士比亚，《凯撒》：“朋友们、罗马人、同胞们，把你们的耳朵借给我！”

---

① 卡迈恩·加洛（Carmine Gallo），《乔布斯的魔力演讲》（2009 年），麦格劳—希尔教育出版集团。

② 安德鲁·德鲁根（Andrew Dlugan），《如何在演讲中运用三规则》（2009 年），Six Minutes 网站，http://sixminutes.dulgan.com/rule-of-three-speeches-public-speaking/，2009 年 5 月 27 日。

作家丹尼尔·平克:“这些词语是与他人联系的关键,简洁、轻松、重复。我再说一遍!”

IDEC 制药公司首席执行官威廉·雷斯塔特:“第一次你说的内容,人们听进去了;第二次,人们认可了;第三次,人们学会了。”

5.5 结论

一旦开始重新学习人类语言,你将能够在所有国家,与所有人包括你的大脑对话。从这一刻起,你永远不会遇到语言不通的人。每个人都说同样的语言。

愿你学会这门语言,并且越来越享受,越来越有激情,越来越优秀!

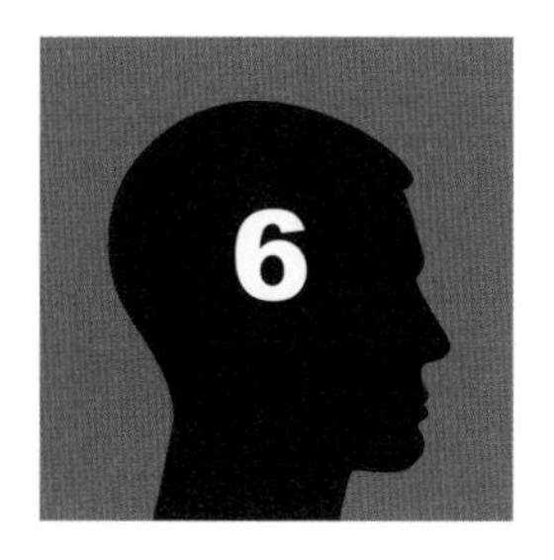

第 6 章

区分理解和误解

本章向你揭示为何大脑可以准确记忆一些从来没有真正发生过的事情，以及为何每个个体都是无限独特关联的组合。要想真正了解这些，我们需要潜入大脑的记忆库进行考察，看看外界的“假象”是如何“从里到外”被建立起来的。

6.1 共度的时光，不同的回忆

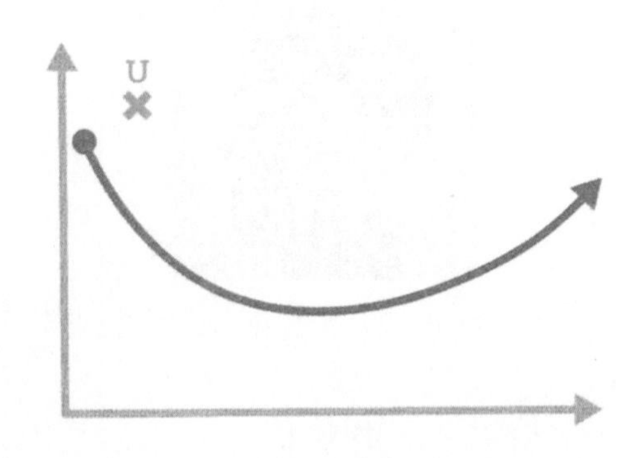

还记得在第 1 章的测试中，你意识到大脑可能会记住从未发生过的事情，小小的“×”变成了大大的“×”。

“×”是所有沟通交流及人际或社会关系的根源。当你认识“理解和误解效应”后，你就会创造更多的理解并减少误解！实际上，如果你能了解引发两者的过程，这样的结果是自然而然的。

在许多事情中，理解和误解效应证明大脑可以准确记忆一些从来没有真正发生过的事情。这与大脑的想象、白日梦、创造和联想能力有关。了解这一点能使你更深刻地认识交流、生活、自身独特的个性及他人独特个性等所有方面。

回顾第 1 章的测试题，让我们看看你怎么回答第 15 页的问题 5：请在你认为已经出现在上一份列表中的词前打“√”。

很多人对“窗户”打了“√”。

为什么会这样？

原因很简单，当你阅读一些相对无聊的词语，如“房屋”“地板”“墙”时，突然出现的“玻璃”物体给你的大脑带来了冲击。

前三个词已经将你的注意力集中在了“房子”上，而“玻璃”则让你的想象力立即发挥出创造性，并用“玻璃”为你头脑中建立的虚拟房子造了一扇“窗户”，这太有趣了！

类似地，有些人回忆起“月亮”，因为它与“太阳”和“天空”相关联，当提到后两个词时，记忆的档案库会自动跳出相关项目“月亮”。这与提及“猫”和“狗”时联想到“兔子”，提及“猫”时联想到“老虎”是一样的。

这表明，在做阅读或听力时，你的大脑不是简单的被动接收器。它是一个高度积极且充满创造力的参与者，在相关情境下产生属于自己的意象和联想；换言之，你的大脑在积极地畅想。

这对你的生活和人际关系重要吗？

当然重要！

假设你有以下类似的经历：

你正与爱人共度浪漫的夜晚，并回忆起（翻找你的“冯·雷斯托夫”）以前的浪漫时光。你们之间的对话如下：

“你还记得我们在A市（某城市）的餐厅度过的美妙之夜吗？”

“是的，我记得。”

“那你还记得我们是怎么谈论关于A市的话题的吗？”

“是的，我记得。”

“那你还记得我说了×××吗？”

“是的，是的，我记得。”

“然后你说了×××。”

“没错。”

“然后我又说了×××。”

“是的。”

“然后你又说了×××。”

“不，我没说。”

“亲爱的，你说过。我说了×××，然后你说了×××，接着我说了×××，

然后你就说了 ×××。”

“不，我没有！”

“你明明说过！”

“我没有！”

“你的意思是我在撒谎吗？”

“是的，难道不是吗？！”

接下来，事件急剧恶化，最后两人演变成在战争中两个孤立的营地。

你遇到过这样的对话吗？我相信几乎每个人都会遇到。

如果你俩都知道记忆导图，对话就会以截然不同的方式结束，因为你们都知道在分歧产生的那刻，你们的大脑分别构建出不同的想象和联想。

对话应该如下完美地继续：

“不，我没说。”

“真奇怪。那你记得之后发生了什么吗？”

这样，提问者将进入另一个人独特的宇宙，并从他们在一起的时间和经历中获取更美好、更宽阔、更广泛的观点。

与其为了证明一个点吵架，削弱另一个人的观点，不如采取一种合作与探索的方式，从而巩固而不是削弱“集体心态”。

再回到“窗户”的问题——如果你跟许多人一样，认为列表上有“窗户”这个词，但实际上它不在上面，这是否说明你的记忆不准确？

实际上，你同时记住了正确的和不正确的信息。当你看到“玻璃”时，大脑创造性地根据上下文勾勒出“窗户”，所以你的大脑真的“阅读”到了“窗户”这个概念。

于是，你根据在阅读“玻璃”时准确记住的意象，错误地记住了“窗户”这个实际上并不存在的词。

让我们再回到那个浪漫的夜晚。或许全世界的人都认为，因为你与另一方共度了一段亲密的时光，另一方就应当拥有与你对那个晚上一样的记忆。这似乎不容置疑。其实，这是常见的谬论！

当你在享受一顿浪漫的晚餐时，大脑中的主体意象是什么？你面前的这个人。连续几个小时，在你的大脑屏幕上闪烁的影像都是他或她。而你的爱人对这一晚却有一个完全不同的主体意象——你、你的脸、你的表情、你的情绪和动作。

记忆导图分析的结果证实，爱人共度的亲密夜晚对彼此而言差别甚大。

意识到这点以后，你应该庆幸，又有无数个理由去爱这个人，这是一个完全不同的、等待你去探索的个体。

6.2 “我们不能理解为什么……”

对自己的孩子，通常最令父母恼火的是：“我们不理解为什么两个孩子会这么不一样。他们上同一所学校，一样的老师，一样定期的家庭聚餐，一起度假，教授他们一样的知识、技能和态度。我真的不理解——他们的差别怎么会如此大！”

不过父母们是否想过，为什么就应该一样呢？我们以一个“普通家庭”为例：妈妈、爸爸、一个女儿、一个儿子。女儿9岁，儿子7岁，一家人正坐在一起吃早餐。餐桌上小女孩的视线里只有一个男人、一个女人及一个小男孩。

她是唯一从自身的特定角度可以看到这三个人的人，也是唯一不会看到自己面孔的人。

想想这些你爱的人的面孔对你的家庭记忆形成多么重要。小女孩的面孔占其他成员家庭记忆的25%，却永远不在她自己的记忆里。而她现在正在印刻这些记忆。

等她去上学，她是唯一思考自己想法、幻想自己的白日梦的人。在学校，她是唯一在地理课上坐在自己的位置上的人，被友好的或不友好的人包围，她和这门课以及老师有着唯一的关系。

对她的弟弟来说也是“一样”。他是餐桌上唯一面对一个男人、一个女人和一个小女孩的人，也是唯一看不到自己面孔的人。当他去学校，他是唯一思考自己想法、幻想自己的白日梦的人。在学校他也是唯一在地理课上坐在自己位置上的人，身边围绕着友好的或不友好的人。他是唯一和这门课及这位老师有着特定关系的人。

同样的“老师”？不可能。要么他们的老师是完全不同的两个人，要么就是经历了变化的“同一位”老师，现在应该年长了两岁，和这位小男孩建立了彼此特定的关系，这完全不同于跟他姐姐之间的关系。那么，这两个孩子会在哪一天的微秒或瞬间一模一样吗？

没有任何这种可能！

两个孩子作为两个独立成长的个体，其差异会不可避免地越来越大，而多亏了记忆导图，父母原本的误解会变成会心的微笑。

知道了这些以后，你对个体价值的判断比之前多了还是少了？跟你最初的想法相比，也许每个人都有更深刻、更广阔、更丰富的经历可以贡献给家庭、社区、社会和国家。

> “在同一个家庭里的孩子拥有同样的基因、相似的社会经济环境，经历相同的家庭教育，为什么会产生截然不同的性格、兴趣，甚至成年后有完全不同的职业发展？”
>
> 迈克尔·格罗斯，《兄弟姐妹心理学》作者

我们不能理解为什么仅仅这样就表示每个个体都是无限独特关联的组合。

基于与迈克尔·格罗斯的讨论，发现孩子的出生顺序和记忆导图之间存在一些奇异的联系。[①] 根据研究，第一个出生的孩子，也就是“首因孩子”，往往会成为领导、冠军、统治者。中间的孩子因为被首因和近因孩子“包围”，往往更擅长社交（被兄弟姐妹围绕），更努力使自己脱颖而出。最后一个“近因”小孩，要对付“首因”和“冯·雷斯托夫”孩子，通常会变成想要把世界变得更美好的人。

一直以来，记忆导图都与育儿相关。你对待第一个孩子更为细心：注意细菌的防护；要求环境非常干净卫生；一切跟着理论走；如果孩子打喷嚏就惊慌失措。然而等到你有了第三个孩子，态度就随意多了。当然，孩子仍然会被照顾得很好，但是你不会那么一丝不苟、过分讲究了。有时候，你甚至会问自己：“我早上喂过他早饭吗？”

事实上，教育三个孩子的方式各有优势。第一个整齐有序；第二个更公平；第三个更自由，免疫系统也因为没有被过度保护而更强壮。所以，这让每个孩子都各有优势。

---

① 迈克尔·格罗斯（Michael Grose），“这受到性别和家庭人数的影响。出生顺序特征会随着家庭规模的扩大而放大……”，2012 年 1 月 15 日的采访。

苏珊·格林菲尔德著有许多大脑研究类的书籍，其中一本《大脑的私生活》[1] 收录了她对同卵双胞胎的研究。研究报告证实，即便基因几乎完全一致，两个双生儿内在的精神世界也是完全不同的。

① 苏珊·格林菲尔德（Susan Greenfield），《大脑的私生活》（*The Private Life of the Brain*）（2002 年），企鹅出版社。

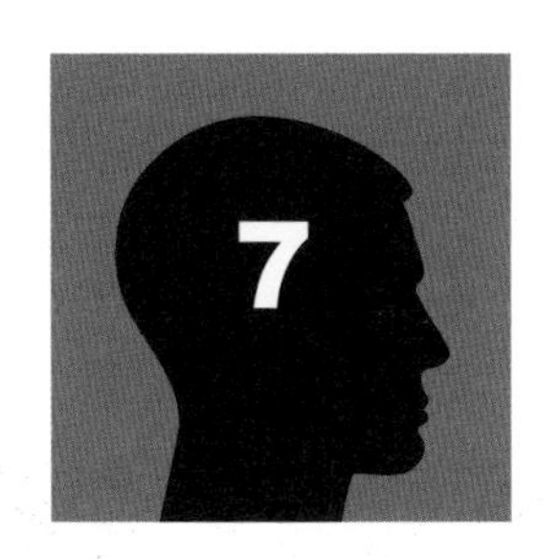

第 7 章

爱上记忆女神摩涅莫辛涅

本章借宙斯爱上记忆女神摩涅莫辛涅的古希腊神话故事，解释了天才思考方程式“$E \nrightarrow M = C^{\infty}$”的来源。本章所涉及的记忆导图及其衍生的记忆及助记系统将创造力与记忆力完美结合，合理运用想象、联想和位置法，稍加练习后，你就能将一些记忆的技巧运用自如。

7.1　翻越记忆的“珠穆朗玛峰”

摩涅莫辛涅是希腊的记忆女神。希腊人非常崇拜和欣赏这个女神，因此开发了一套记忆系统（以摩涅莫辛涅命名），通过正确使用大脑天生的特性来获取更好的记忆。

近年来，人类在记忆领域取得了惊人的发现和进步。

1994年，伦敦大学的心理学家在世界脑力锦标赛上曾宣布，人类未来永远不可能逾越记忆的高峰，就像某些人曾断言珠穆朗玛峰永远不能逾越一样。

这些记忆的“珠穆朗玛峰”中最高的一座是记住一串长数字的挑战，只听一次，以每两秒一位数的速度，被测试者不能做任何笔记，只能在听完整串数字后才开始记忆。

为了帮助你了解完成这项任务的难度有多大，我们将在此模拟一个记忆测试。

你马上要阅读四个数字序列，每个序列只能快速看一次，难度递增。

你的任务是记住它们，按要求在别处依次写下数字，然后再翻回来以获取下一个数字序列。

你准备好了吗？

第一个数字序列是：

3 5

你记住了吗？

当然记住了！

很多人这个时候都大声笑了。为什么？记住两位数，这太简单了。

第二个数字序列是：

5 8 0 2 7

你记住了吗？

当然，大部分人仍然觉得“很简单”！

第三个数字序列是：

7 3 9 8 3 0 4

你记住了吗？

这是七位数，大多数人开始觉得任务变得困难了。七位数是许多人记忆开始徘徊的临界值。当他们做测试时，你可以看到他们疯狂地试图记住前面的数字，然后添加后面的数字，几乎处于遗忘的边缘。

这些数字的记忆难度是呈直线增加还是呈指数增加？

指数！

每当添加一个新数字，任务困难度就倍增，比之前的数字难记得多。这是因为数字是抽象事物，我们的头脑在没有任何帮助的情况下很难记住越来越大的抽象事物组合。

现在你可以理解为什么心理学家预测没有人能记住一个 30 位的数字——这真的相当困难，你马上就会发现。

你的第四个数字序列是：

（努力记住，确保你看了每个数字。当你试着记忆整串数字时，注意你的思维过程。）

6 8 3 0 1 4 5 9 2 2 7 0 5 2 8

这次，你做得如何？

大多数人在写到第十位数字的时候就开始笑了。

记住十位数字已经可以庆幸地大笑了。

现在请写下你记住的数字序列：

2 位数是什么？

5 位数是什么？

15 位数是什么？

实际上，你所做的这项测试比在标准 IQ 测试中所做的听力测试及世界脑力锦标赛中的高阶测试（由我和雷蒙德·基恩在 1991 年所创立）容易多了。

在最近的一次世界脑力锦标赛中，三位竞争者同时记一串口述数字，用比正常分配时间快一倍的速度念，长度为 100 位数！

最终赢得比赛的是冈瑟·卡司特博士，他记住了一个长达 202 位的口述数字！这早已逾越了记忆的“珠穆朗玛峰”。

口述数字测试是比赛最后一天四个主要记忆马拉松比赛中的第一项。那天结束后，举行了一场香槟鸡尾酒庆功活动，这期间冈瑟喝了五杯香槟。之后，还有一个正式的冠军晚宴。

在晚宴结束时，有个人试图刁难冈瑟——经历了四场记忆冠军赛、五杯香槟、一顿全餐，12 小时后，他是否还记得早上比赛的口述数字？

令全场惊讶的是，冈瑟说他可以，他开始慢慢地，然后加速背出了这串数字，完美的复制！

当他完成后，调皮地环视了桌子一圈，说："想让我再做一次吗？倒着来？"

然后他又做到了！

他的表现大大拓宽了人类大脑的界限，以非常高级的形式使用了基于想象和联想的希腊记忆系统，而想象和联想是记忆导图的内在部分。思维导图则是基于相同的原则，它是一个多维度的记忆系统，你将会在第 10 章"头脑大爆炸：思维导图诞生"中找到更多信息。

45 岁的冈瑟是比赛中第二年长的参赛者。他向我们展示了训练有素的大脑的另一个真理——通过长期的训练，大脑可以训练出更好的记忆力。

使用元语言——想象和联想，你所有的认知思维技能都将提高。

记忆导图包含了用于创建记忆系统的"秘密公式"，这是冈瑟·卡司特和八次世界记忆冠军获得者多米尼克·奥布莱恩都在使用的。不同的人类部落、种族和文化都开发了各自特殊的记忆系统，相同的是它们都基于想象和联想，以及第三个因素——位置（希腊人称为 Loci）。

让我们做一个小小的记忆测试，然后分析如何使用记忆系统来显著提高你的表现。

我将要求你回忆一些信息，几乎可以保证是你在很小的时候就已熟知的东西。应该不太难，对吗？

请在下面的空白框中按顺序写出太阳系轨道上的八个行星的名称，从最接近太阳的一个开始：

给自己不超过 1 分钟的时间，不论是否完成任务，都留意一下大脑采取的方法和感受。

现在请对照第 79 页的正确答案，核对你的答案。

如果测试结果不好，不要担心——全世界能全部写对的人不到 1%。

人们在这个测试上做得不好的原因之一是，他们对金星或水星哪个更接近太阳感到困惑，并且永远搞不清楚海王星、土星、天王星和木星的顺序。一旦这种混乱发生，大脑对它的记忆就会自行组合，关联性变得越来越乱，从而造成混乱，增加沮丧，加速记忆消退。

让我们尝试将想象、联想和位置相结合的助记原则应用于此记忆任务。

为了做到这一点，你要在脑海中创造一个故事：强大、富有想象力、丰富多彩、动感十足，并且涉及多感官的联想。所有的记忆系统都是基于这个故事。例如，著名“文学”作品《伊利亚特》和《奥德赛》，实际上是由希腊人开发的记忆系统，以便每个人都可以记住他的男神、女神及历史。

“行星的故事”即将开始，而你就是制片人和导演。

首先想象在你面前的是太阳。看一看、闻一闻并感受它的热量，观察它的鲜艳色彩，感觉到它变得越来越炽热。在太阳系中，前四个行星体积小，后四个行星体积大。

想象一下，在太阳旁边的是一个小小的（它是一个小行星）、充满了水银的温度计。随着太阳变得越来越热，你看到水银上升，直到最后，一声巨响，它爆炸了，留下一些小水银珠挂在空中。

站在水星旁边的是一位美丽动人的小女神（第二个小行星）。给她配上色彩、香味、风格、着装，然后观察她。

我们该叫它什么？金星维纳斯。以古罗马的爱之神命名。

维纳斯拾起一个水银球，运用神力扔出去，恰好丢在你所住地方的前面不远处。你住的地方在哪里呢？地球。

为了让整个画面更加“真实”，想象一下水银球形成了一个小火山口，一些岩土从中喷射而出，掉入你隔壁邻居的花园里。

在这个幻想中，你的邻居是一个小小的（最后一个小行星）、红着脸（它是一个红色行星）、怒气冲冲、好战的人物，拿着一块巧克力棒。谁是古代的战神？马尔斯。

火星马尔斯要走出来找麻烦，正好在大街上遇见一个巨人，他是诸神之王，上百米高，迄今为止最大的行星，前额上翘起的一绺头发像“J”。这就是木星朱庇特。

你抬头看着朱庇特巨大的胸廓，看到他的白色T恤上印着巨大的火焰单词“SUN”。每个字母代表太阳系最后三个巨大行星的首字母：S-Saturn（土星）、U-Uranus（天王星）、N-Neptune（海王星）。

我相信，你肯定记住了！

在另一个系统——记忆系统中，你能够轻松并清晰地记住所有的太阳系行星。

以下是太阳系中的八个行星，按照接近太阳的顺序依次排列：

1. 水星

2. 金星

3. 地球

4. 火星

5. 木星

6. 土星

7. 天王星

8. 海王星

注：截至2006年，冥王星不再被列为太阳的第九颗行星，而被归于“矮行星”的行列。

重新审视你的行星记忆，闭上眼睛，再回顾一下整个故事。为更牢固地形成你的长期记忆，要重新回顾 4~5 次，并至少教给别人一次。①

现在，你是兼具了代表记忆导图、记忆导图所衍生的记忆及助记系统，还有亲爱的记忆女神摩涅莫辛涅本人这三重身份的宣传大使！

记忆方面的研究显示，如果你使用最原始、最基本的语言，你记忆的容量会不断增加，不会衰退。如果你不断使用想象、联想和位置法，你的记忆力随着年龄的增加会变得越来越好。

记忆导图的助记系统可以帮助你记住所有的东西，包括人名、数据、产品信息、诗歌、图像、列表、公式、电话号码、其他个人信息，以及扑克牌、演示文稿和书籍的主要内容。

你也可以在记忆领域使用这些原理。如果你想被人记住，特别是在商业和社交场合，应用我前面提及的所有原理，你自身、你的项目、你的产品和你的慈善义举都会被记住。

---

① 更多关于高级记忆系统的信息，请参阅东尼·博赞的《超级记忆》一书。

再说一次，记忆导图是你探索和拓展无限记忆宇宙的基础。

为了让记忆系统更有效，可适当地利用“重复”。它有助于在你的头脑中创造生理和心理上的路径。你回顾图像的次数越多，你的路径就越强，因此记忆力就越强。

正如你所看到的，摩涅莫辛涅是一位值得你关注和感兴趣的女神。

现在让我们来看一看如何运用她的神力创造出难以想象的创造力。

7.2 创造力：神之产物

古希腊的诸神之王是宙斯。宙斯是万能的，作为宇宙之主和男性代表，他能够拥有任何女神、任何女王、任何他渴望的女性。正如记忆导图预测的，宙斯充分使用想象和联想两大工具成功诱惑了她们。

如果宙斯被某个女性吸引，他就会找出与她密切相关的东西——她最喜欢的东西，然后把自己变成它。例如，如果她爱天鹅，宙斯就化身为天鹅，如此她便会爱上宙斯。

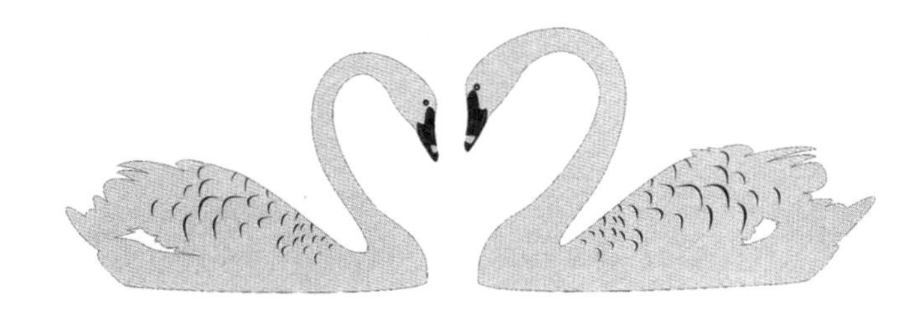

他从无数的潜在恋人中选择了一个特别的女人，与她连续在一起的时间超过任何人，你觉得他选择了谁？

他没有选择爱之女神阿芙罗狄忒。

他没有选择智慧女神雅典娜。

他没有选择狩猎女神戴安娜。

他甚至没有选择代表美和性感的女神维纳斯。

他最终选择了记忆女神摩涅莫辛涅。

他与她有了九个孩子。他们的孩子是谁呢？

——缪斯女神！

缪斯是灵感和创造力之神。灵感意味着“呼吸”，它的双胞胎——热情，意味着“神”。

九位缪斯

卡拉培（Calliope）——主管史诗的女神

克利欧（Clio）——主管历史的女神

依蕾托（Erato）——主管爱情诗的女神

优忒毗（Euterpe）——主管抒情诗的女神

梅耳珀弥妮（Melpomene）——主管悲剧的女神

波利海妮娅（Polyhymnia）——主管颂歌的女神

特普斯歌利（Terpsichore）——主管舞蹈的女神

塔利亚（Thalia）——主管喜剧的女神

乌拉妮娅（Urania）——主管天文的女神

希腊人做过一个惊人的、最终也被记忆导图证实了的比喻，即如果把能量注入记忆，将产生无穷的创造力。

$$E \rightarrow M = C^{\infty}$$

E 代表能量，M 是记忆，C 就是创造力。

这种领悟和公式带来了新的认识，记忆和创造力本质上是一样的过程。记忆使用想象和联想来回顾，而创造力使用想象和联想来展望。它们一个是致力于回顾和重新创造过去，另一个则是用以投射未来，最终变成创新和记忆。

没有记忆，创造力将不可能存在。这同时又涉及另一个经典问题："鸡和蛋，先有哪个？"

毫无疑问是先有记忆，因为记忆是巨大的井、篮子或资源，你可以从中挑选出任何元素进行创新和原创关联。

7.3 你的智囊团

开发新想法的另一种方法是创建一个假想的智囊团。[①] 想一想，所有激励你的人都是领域内的佼佼者（科学家、探险家、慈善家、作家、诗人、音乐家、活动家、商业领袖、广告大师、厨师、政治家、体育英雄）。[②]

然后问问你自己："在这种情况下，我会怎么做？"

7.4 提升服务

想一想你获得过的最好的服务是什么？或者是在哪里获得的？问一

---

① 拿破仑·希尔（Napoleon Hill），《思考致富》，首先将智囊团定义为"两个及以上的人为了达到某个确定目的而进行知识和努力的协调合作"。

② 麦克尔·盖博（Michael Gelb），《发现你的才华：如何像历史上十位最具革命性的人物一样思考》（2003 年），纽约：哈珀·柯林斯出版社。

下自己："我的业务或职位可以做类似的事情吗？"

回忆一下你在假期、商务差旅、访问期间注意到的令人印象深刻的事，问一下自己："我怎样才能把这种让人印象深刻的经历应用到自己的业务中？"

所以，记忆是一切的基础。你阅读的越多，就意味着输入了越多的数据。大脑究竟可以容纳多少数据、多少意义节点，这属于数学论证的范畴。论证结果表明，即便你每天为大脑提供新的数据，如每秒给它输入数百个新的数据位，仍然达不到其存储量的 10%。①

因此当你在阅读、研究、学习时，你正在构建庞大的大脑数据库，你有更多机会将原本分散的信息组合，创造出新的关联。

学到的越多，记忆就越多，记忆的潜能就越大，数据库也越庞大，你就拥有更多的机会产生创意。

就像是在掷骰子，这会大大提高你投掷出创造性想法的概率。反之，如果你拥有一个强大的记忆，但你并没有意识到记忆和创造力之间的这层关系，那么你的创造力很可能会一直处于休眠状态。

仅仅知道把能量注入记忆可以产生无限的创造力，就可以为公式注入能量。所以了解公式就是公式本身的一部分！

我经常被人问到记忆、创造力、快速阅读和学习之间的关系。

你现在应该很清楚地了解了记忆和创造力的关系。

当你快速阅读的时候，你的记忆实际上有所改善，并且在你对冯·雷斯托夫效应和关键词已有所了解的基础上，你的阅读速度变得更快，你的理解和记忆效果也会更好。

将思维导图加入这个公式中，可以为你提供理想的学习技巧，尤其是当你学习和休息时，能将记忆导图的所有原则牢记于心！记住：这样

---

① 皮奥特尔·K. 阿诺欣（Pyotr K. Anokhin），《功能系统理论的哲学性》（1978 年），莫斯科：俄罗斯国家科学出版社。

会给你更多的首因和近因，并减少“中间凹陷”。

你必须持续地开发学习、记忆和阅读技巧。

所以，当你记忆太阳系的行星时，你是在想象并创造一个神话般的故事，创造力帮助你清楚记住所有信息。

开发记忆即开发创造力，而创造力的提升也是记忆力的提升。

因此，幻想是必不可少的，只要你能为之努力。

记忆导图会让你的大脑在智力时代对上帝创造的极限公式游刃有余。

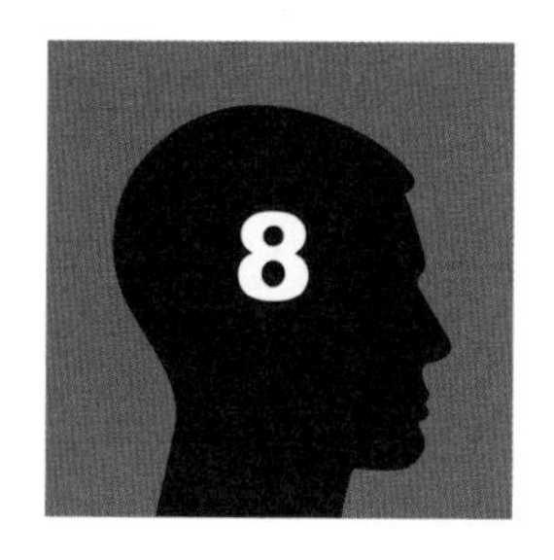

第 8 章 达·芬奇：万物互联

你的大脑其实有着令人惊叹的智商，可以联系世界上的一切事物。本章要探索如何利用事物与事物之间存在的一切联系来加强记忆的训练，并且强化对兴趣的关注。你永远不会再说“我没有创意”。你可以说：“我有无限创意，我正在开发自己的全部潜力。”

我们来看看达·芬奇和他的思考方式。他说："无论你做什么，如果你想要创造力和智慧，想要开发你的大脑，你做一切事情的时候就必须先意识到，万物都以某种方式联系在一起。"[①]

几乎人人都赞同他的观点，并且我们周围相互关联的世界也证实了这一点。如果万事万物是相互联系的，那么如果你对某件事情感兴趣，就意味着对所有事情都感兴趣：太阳系的行星、数学、在黑暗中生长的蘑菇……所有的一切。

换言之，联想这个超级概念是至高无上的，达·芬奇确认了这一点！

你能够以无穷无尽的方式联结无限。

假如你遇到一个外星人，它的大脑可以联系万物，你要如何评估它的智商？当然是惊叹！但你不知道，这种力量就存在于你的头脑里。

所有记忆系统都通过想象和联想来运作：你的大脑将触发记忆关联的图像联系在一起。因此，一个人潜在的记忆量是无限的，创造力亦是如此。记忆系统的运作也证实了达·芬奇的说法，"万物都以某种方式

① 麦克尔·盖博（Michael Gelb）著，盖逊等译，《像达·芬奇那样思考》，北京：新华出版社，2000。

联系在一起”。如果不是，你的记忆就会崩溃瓦解！

理论上，你或其他任何人可以记住一切。助记系统的设计就是使大脑能够“勾勒出”任何保存在记忆系统中的信息。前提是，助记系统中的意象必须与其他信息联结在一起。

逻辑引导你自然而然得出一个令人欣喜的结论：一切事物都存在关联。

这就让你进一步地意识到，记忆系统中的每个事物都可以与无数事物产生联系，任何记忆系统中的项目数量都是无限的。

回顾物理学中的现代理论，我们的宇宙只是无数其他平行宇宙中的一个。我们得出了记忆系统具有无限性这样的理论，并认识到大脑创造出新联系的潜力是无穷的。

8.1　当大脑和记忆遇见物理学

为了让大脑产生无限的联想，比喻是必不可少的——这是诗歌和思维导图的精髓。

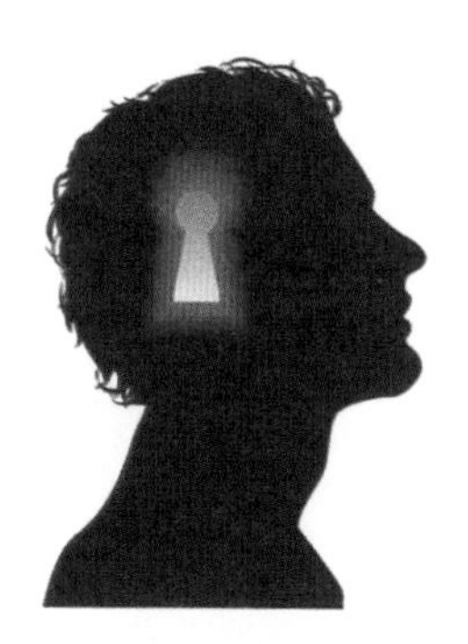

因此，为了使记忆更加敏捷、强大、准确、有效，你必须提高快速创造生动隐喻的能力——创造力的本质，这是一个合乎逻辑的必然。

除了“万物都以某种方式联系在一起”，达·芬奇还给出另外三个需要遵循的原则：

1. 研究科学的艺术

2. 研究艺术的科学

3. 开发你的感官

值得注意的是，达·芬奇的作品显示，他从来不区分艺术和科学。

此外，他觉得人类错过了一个重要的机会，因为他观察到“普通人看到了却没有欣赏，听到了却没有倾听，触摸到了却没有感受，吃到了却没有品尝，移动了却没有身体意识，闻到了却没有意识到气味或香味，说话了却没有思考”。[①]

因此，他认为，我们所有的感官都只是在被最低限度地使用，而我们本应该最大限度地利用它们。记忆的多感官性就要求如此。

因为感官是帮助记忆和学习的主要力量，所以我们最好还是遵循达·芬奇的指导，确保能够充分发挥它们的用途。如果你做到了，记忆力将会明显改善。

达·芬奇的作品支持这样一个观点（记忆导图也一样），即我们必须“像艺术家或婴儿一样观察，像音乐家或自然主义者一样倾听，像厨师一样品味，像竖琴师一样触摸，像调香师一样嗅闻，像舞者或运动员一样移动”。换言之，就是“让你的生活更加冯·雷斯托夫式”。

如果达·芬奇说的没错，那么你可以用无数种方式将任何事物联系在一起，并产生无穷的创造力，而这将是自然而然、水到渠成的。你永远不会再说“我没有创意”。你可以说：“我有无限创意，我正在开发自己的全部潜力。”

---

① 麦克尔·盖博（Michael Gelb）著，盖逊等译，《像达·芬奇那样思考》，北京：新华出版社，2000。

8.2 对兴趣的关注可以强化兴趣

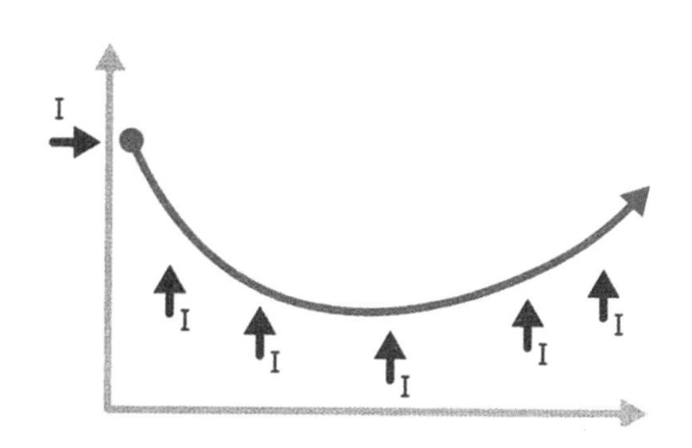

上图将引领我们进入下一个飞跃——兴趣。毫不夸张地说，兴趣确实能提升记忆导图的水平。你可以利用它改变思考的方式，因为你现在对一切都感兴趣。

不感兴趣意味着你的大脑还没有与某一知识体系产生关联。如果你放任自己这样做，即埋下了对任何事物都不感兴趣的种子。

想想后者将会导致的危险结果。

谁对万物感兴趣？孩子。

谁是最佳学习者？孩子。

谁最有创意？孩子。

谁最有活力？孩子。

谁最乐观？孩子。

谁最快速？孩子。

而孩子需要我们的教导！

但是，我们往往用错误的方法教导他们。如果我们总是迫使孩子做他们不感兴趣的事情，孩子就会失去记忆和创造的能力。

当你感兴趣时，所有的感官都打开了。成人通常对很多事情都不感兴趣。如果你对一切都充满兴趣，你的眼界会更加开阔，你会获取更多的意象，并随之提升记忆和创造力。

婴儿睁大眼睛是因为他对你完全和绝对地有兴趣。一旦他产生了兴趣，就会使用所有的感官触摸一切，把玩一切，一直睁着眼睛。

一般我们会对小孩子说：

"不要碰。""为什么？""因为不礼貌！"

"不要盯着人（不要使用你的2.6亿个光源接收器）。""为什么？""因为不礼貌！"

"停止制造可怕的噪声。不要尝试最基本的乐器——人的声音，不要探索它的高度、深度和音量。"

当孩子想跑的时候，我们说："别动。"

当孩子吵闹的时候，我们说："安静点。"

当孩子走神的时候，我们说："别走神，注意力集中！"

因此，我们教育孩子的方法与所有记忆系统的建议及达·芬奇推荐的开发全面大脑的最佳方法完全相反。

当你有兴趣时，一切感官都会打开（比如当你是一个孩子的时候）。记忆导图告诉你，当你感兴趣的时候，你的记忆力和创造力都会上升。

当孩子开始不感兴趣时，事情就严重了。

有解决方法吗？有，让他们意识到自己感兴趣的过程。

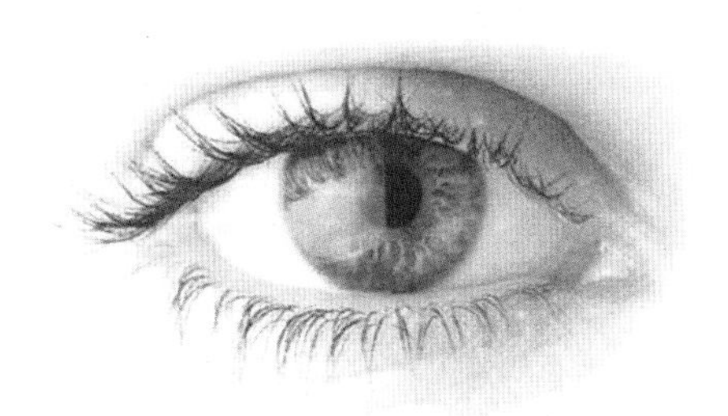

例如，数学，你的第一次考试因为走神得了0分（满分20分），你因此下结论说你讨厌数学。然而你本可以喜欢的，你不喜欢的是数学学得不好。

这让人联想到了非常经典的先天与后天之争：我们擅长某些东西是因为基因吗？

所有的证据都显示，大脑几乎可以学习任何技能[①]：成为优秀的艺术家（比如钢琴家）、专业运动员（比如NBA球星、美国橄榄球运动员），或者成功的商人。

如果你觉得自己没有天分，那你就错了。

我们对孩子说："不要那么做！"孩子会想：好玩的事情来了。如果他们再犯，你会说什么？一定又是"住手！"。然后，他们又犯了，你再次被激怒——进入一种无限循环模式。最后你爆发了。

这是一出"父母被孩子激怒"的闹剧，伴随着孩子的低音和你深厚悦耳的男中音！然而，你曾公开宣称过："我不会唱歌！"

胡扯！记忆导图告诉你，你可以，只要有兴趣为你铺路。

当你产生兴趣时，你会在自己的智力投资账户中获取更多利益，这点非常值得你关注！

---

① 约翰·J. 瑞迪（John J. Ratey），《大脑使用手册》，重庆：重庆大学出版社，2012。

第 9 章

发现了！万物各得其所的秘密

本章通过剖析商业界及其他领域的优秀成功人士如何应用记忆导图的绝佳例子，揭示记忆导图运作的原因和原理。掌握了记忆导图的秘密，你便可以效仿甚至超越世界上最成功的人。

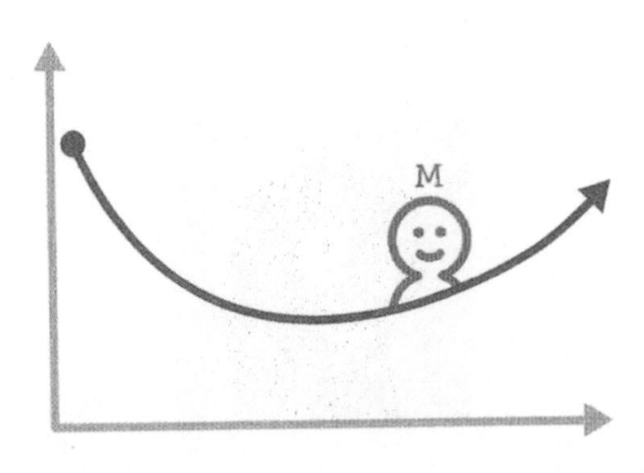

记忆导图也解释了大脑看到“全局”的能力，如“笑脸”这个高峰值显示在首因、近因和冯·雷斯托夫效应下获取信息后明白一切的“啊”之瞬间。

意义及领悟成为记忆和学习过程中的一部分，因为大脑通过将获取的碎片信息重组后形成全局。

这有点像组合拼图，但是没有既定的参考图片，因此你不知道最终能拼出什么。你先组合边缘的拼图，然后放最明显的，最后放最容易连接的。

在某个阶段，大概拼完50%时，你就能“看见”完整的图片。虽然还没拼完，相差很远，但你的大脑可以自行填补其余图块并呈现最终的结果。

这就是大脑惊人的力量。大脑尽可能利用所有信息，快速地“看到”整幅图片。然而，这样做的时候也可能产生虚假的图像或错误的假设。看着拼图，你可以“看到”一个人在远处做某事，但是随着拼图的这个区域变得更加完整，你最后发现这不是一个人，而是一只熊。

做演讲或写文章，其实是使用记忆导图原则来展示你想要分享的故事。你的信息接收者会试图看看你的目的是什么，完整的故事是什么。你的挑战在于，要以一种有影响力的方式揭示细节，传达关键信息，制造一个令人难忘的转折点，并让观众获得你最终想传达的信息。

一些演讲者和作家也使用这种方法来设置路径，当结局最终被揭示时，观众会感到惊讶。最明显的是脱口秀中完全意想不到的妙语，而悬念和神秘故事中的“误导”也是优秀作品的关键。

大脑的这种在已有碎片信息的基础上通过想象和关联推导出完整图片的能力，从格式塔理论上可以得到部分解释：整体大于部分之和[①]；或者如柯尔特·科夫卡（Kurt Koffka）最初的解释：“整体不等于部分之和”[②]。

格式塔理论其实远比我们在这里引用的更具内涵，但即便是这个简单的解释，也有助于解释大脑的惊人力量，帮助我们探求整体，创造意义、见解和理解。

9.1　构建完整的客户体验

理解记忆导图的原理会让你反思现有的客户体验方式。

举个例子，假如你在审阅或设计汽车展示厅，你会使用记忆导图让参观者在进入展厅时产生积极的想法。你会反复利用意象凸显质量、安全和客户导向等需要强调的价值。你会为潜在客户设计出乎意料和特别的东西，如能提供高品质咖啡的休息区，或是配有监护员的儿童玩乐区。当你的潜在买家离开时（假设他们没有购买），你会随手赠送一些东西构成这次完整的体验，比如下雨天赠送一把雨伞（带有公司标志）。

应用这些原理设计出的汽车展示厅给客户带来的影响与格式塔原理一致。客户看到这些积极的方面后，对整个交易形成总体印象——他们

---

① 戴维·霍瑟萨尔（David Hothersall），《心理学史》，麦格劳—希尔教育出版集团，2004。

② 塔克·迈克尔（Tuck Michael），“格式塔原理在设计中的应用”，载 Six Revisions 网站，2010 年 8 月 17 日。

“看到”服务部门很专业，有洗车服务，有保险，价格也公道。

你的设计帮助他们形成头脑中的整体画面。他们理解自己正在接收的信息。当然你必须尽量做到满足他们所有的期待。

9.2 灵光乍现的时刻

现在，你可能意识到了成功的人其实都在遵循记忆导图原理。是的，这就是他们如此成功的原因。

看看在商业和其他领域最成功的一些人，我们常常会发现实践记忆导图的绝佳例子。最有意思的是这些颇有成就的人清楚地理解记忆导图中蕴含的原理，但他们对公式几乎一无所知，对所有原理也没有整体概念。这就为那些理解记忆导图的人提供了强有力的优势，让他们有机会与那些杰出人物旗鼓相当或者更胜一筹。

例如，非常成功的企业家或政治领袖，像理查德·布兰森或贝拉克·奥巴马那样，都是在各自领域内非常杰出的领导人。他们知道首因原理吗？当然知道，他们知道第一印象有多么重要，所以他们深知到达某个场合时的着装和言谈举止都会产生最大的影响。每当理查德·布兰森成立一家新公司或开始一项新探索时，他都会以无比创新的方式吸引大量媒体和潜在客户的关注。他是创造深刻第一印象的大师。同样，奥巴马在某种程度上经过国家仪式的洗礼后，他个人和传达的信息都能产生深刻影响——每当他到达一地时，人们都会侧耳倾听，不只是因为他的地位，更是因为他给人带来的初次印象。两位领导人都深谙此道，并且游刃有余。

那么，他们知道其他原理吗？冯·雷斯托夫效应、重复、近因效应，甚至格式塔呢？同样地，答案非常肯定。

想一想布兰森启动一个新业务，如澳大利亚维珍时，他在邦迪海滩的冲浪中嬉戏，被美女包围；或者他披着英国国旗在沙漠中插上一面旗帜，宣布维珍航空开通英国和迪拜之间的直航。

在这里，我们看到了他在行动中出色地运用了冯·雷斯托夫效应，但其实远远不止这些。他以全新的、不同的方式一遍又一遍地做同样的事情，确保媒体每次都会跟随他的脚步。在后续采访中，他反复陈述自己希望人们听到的信息。当人们一遍又一遍地听到他传递的信息后，只要一想到布兰森，就想到了惊喜、创造力和创新。

近因效应他也总是利用得很好，跟出场时相比，布兰森离开的方式稍微低调一些，但也非常独特，总是让人期待他更快地回归视线。他甚至连格式塔原理也善加利用，因为布兰森总是利用一切机会在短暂的采访中展现愿景。人们把这些信息拼接之后就可以看到愿景的“整体面貌”，相信他会用商业飞机将人类载入太空。人们从布兰森所做的一切中“看到”了这个愿景。

奥巴马也知道记忆导图的这些原理。想想他是如何在激情高昂的演讲中反复阐述他的信念的——“是的，我们可以”。他是演说大师，但也会用一些特别的东西给观众惊喜，比如在演讲中突然即兴表演起阿尔·格林（Al Green）的“让我们在一起”。他的演讲创造了一幅可以实现的蓝图，让人们看到未来，结尾处也总是像所有美国人那样传达非常个人的信息，如“谢谢你，南卡罗来纳。我爱你们”。

布兰森和奥巴马都理解记忆导图的所有原理，但如果你问他们能否说出，或者能否列出所有设计的原理，这显然是不太可能的。

9.3 恍然大悟，这对你来说是个好消息

如果仔细地深入了解，你会发现在几乎任何领域都取得实际成功的人，他们都在使用你在本书中学习的原理。不过，他们虽然是成功的实践者，却并不全面了解理论信息，他们没有世界上最重要的图表——记忆导图，但是你有。

毫无疑问，天赋和天才对他们来说是一个很大的优势；但是正如我们在真正的记忆冠军和奥林匹克运动会上看到的那样，开发一种刻意训练的技巧和方法，使每个人都可以享受更大优势。这本书中揭示的秘诀是让你留下良好的第一印象，反复传递信息，令人惊艳，帮助信息接收者“看到”全局，并给他们留下深刻的记忆。

通过本书中的例子和案例研究，我会展示如何将最重要的图表应用到生活、商业、职业和兴趣的方方面面。

如果你要演讲，你能利用记忆导图做出跟奥巴马一样有力量的演讲。

如果你是企业领导，你可以利用记忆导图让成千上万名员工为你的愿景而努力，建立最好的团队。

如果你是小企业主，你可以利用记忆导图创造出让客户赞不绝口的体验，让朋友们都愿意与你做生意。

如果你是教师或培训师，你可以利用记忆导图创造真正改变他人生

活的学习课程。

如果你是销售员，你可以利用记忆导图让顾客和客户不断涌向你。

布兰森和奥巴马都是从各自领域中的佼佼者身上学习了技巧。在每个领域——政治、社交、管理、教育、科技，获得成功的最基本原理世世代代不断演变，与记忆导图中的原理完全一致。

现在，你知道了这些原理，并在应用的时候还掌握了它们的背景及相互关联。知道记忆导图运作的原因和原理会让你更轻松地进行有效应用。

发现了吧！你现在掌握了记忆导图中新的秘密武器，可以让你仿效甚至超越世界上最成功的人。

第 10 章

头脑大爆炸：思维导图诞生

你可以将思维导图定义为一种超级涂鸦——它通过捕捉和表达发散性思维，将大脑内部的活动进行了外部呈现。本章将向你介绍我创造思维导图的灵感来源，以及思维导图与记忆导图之间的意义关联。更重要的是，我将引领你看看一张思维导图是如何“从里到外”被搭建的。

我早年在教授心理学 101 班时，有部分课题是关于“学习期间的回忆”的。在讲课中，我突然意识到自己讲授记忆的方式恰好是促进学生遗忘一切——我完全在违背原理。

因此我开始思考如何在教学中应用图表，然后我注意到了课堂讲义。我认为讲义应该能巩固记忆，但是标准的、线性的讲义很难做到这一点。

如果你用蓝笔或黑笔记笔记，色彩是单调的。如果某些东西真的是单调且无聊的，大脑就会出神、关闭并进入休眠状态。

我开始反思自己学习的时候是如何记笔记的，随着我的分数不断下滑，我开始记越来越多的笔记。但有一天我突然明白，真正重要的不是字数，而是学习要点。然后，我开始划出关键词，发现它们还不到笔记内容的 10%。关键词都被隐藏了！我的大脑也意识到，记忆卡片上没有任何前后要点的关联。于是我得出结论，必须把这些文字联系起来，所以我开始使用颜色、连线、箭头、代码、图片和线条。

然后我意识到了关键点、关键的关键点以及关键的关键的关键点，并开始思考代表思维层级的架构。这开启了我寻找思维导图结构之路。

冯·雷斯托夫效应：尺寸、图像、颜色、三维物体、粗体字、代码。

联想：箭头、线条、分支、颜色、代码、符号、形状。

首因效应：中心图以及整体导图的初始印象。

近因效应：细枝末节、整体印象、主要分支。

想象一下，你的一页纸上囊括以上所有元素，你就创造了一幅思维导图。因此，思维导图理论上是通过记忆导图笔记产生的。

然后我开始对比天才们的笔记，比如达·芬奇、居里夫人、米开朗基罗和爱因斯坦，接着，我又观察了脑细胞图像。我发现所有的信息都指向思维导图。

继而我又观察了语言和思维架构，并得出了思维导图的精髓：我们通过想象和联想来发散思考。

无论你采取何种方法，都会得到相同的答案：思维导图是思考工具、联想工具、记忆和创造力工具。拥有它，你就拥有了一切。

所以，思维导图进化为元语言——语言的语言。

它同样对人类的自然语言有效。

婴儿学习的时候大脑中有思维导图。他的第一个意象是什么？母亲。从母亲发散出来的分支是食物、情绪、爱、情感、教育、学习、健康、交通和生存。思维导图基于记忆导图发展而来，它具有无限的应用可能。

我们可以增加更多分支吗？当然，我们可以无限地增加分支。无限的无限的无限。

10.1　思维导图是一种超级涂鸦

> “涂鸦——即兴的标记帮助你思考。”①
>
> 桑妮·布朗

大多数人都会涂鸦，这是一种随性的艺术创作。传统认为，涂鸦是注意力不集中的行为，是“坏”习惯，也是缺乏专注力的表现。

---

① 桑妮·布朗（Sunni Brown），《涂鸦者，联合起来》，Ted 演讲，2011 年 3 月。

然而，最近的研究表明，大多数擅长涂鸦的人实际上能更好地集中精力，可以将记忆的效率提高 29%，因为当他们聆听或思考正在学习的东西时，涂鸦可以将已经研究和学习的信息融入结构之中。[①]

所以，涂鸦好比一幅挂毯，学生或会议参与者正在学习的时候，涂鸦即在脑海中编制一幕幕闪过的图像。

由此定义可知，思维导图是一种复杂的难度系数增至 n 级的涂鸦，是一种按照给定结构、意义、刺激和力量进行的超级涂鸦。

所以，当你绘制思维导图时，尽可能装饰它们。换言之，给这个超级涂鸦添加一些传统的涂鸦，这将为思维导图增添更多的力量。

涂鸦的人比不涂鸦的人能记住更多的信息。如果你在电话会议上涂鸦，你的精力会更集中，回忆会更清晰。在通话时使用思维导图可以使你更好地理解，并快速记录所讨论的关键点及下一步操作项目，以备将来参考。

思维导图促使大脑集中精力，像记忆导图一样，帮助集中注意力和提高记忆（见图 10-1）。

> “思维导图的主要用途来自创建时所必需的正念。不同于标准的笔记，你没法在自动驾驶仪上进行自由活动。”
>
> 乔舒亚·福尔（Joshua Foer），《与爱因斯坦月球漫步》的作者

① 《作涂鸦：涂鸦可以帮助记忆》，《科学日报》，2009 年 2 月 26 日，http://www.sciencedaily.com/releases/2009/02/090226210039.html。

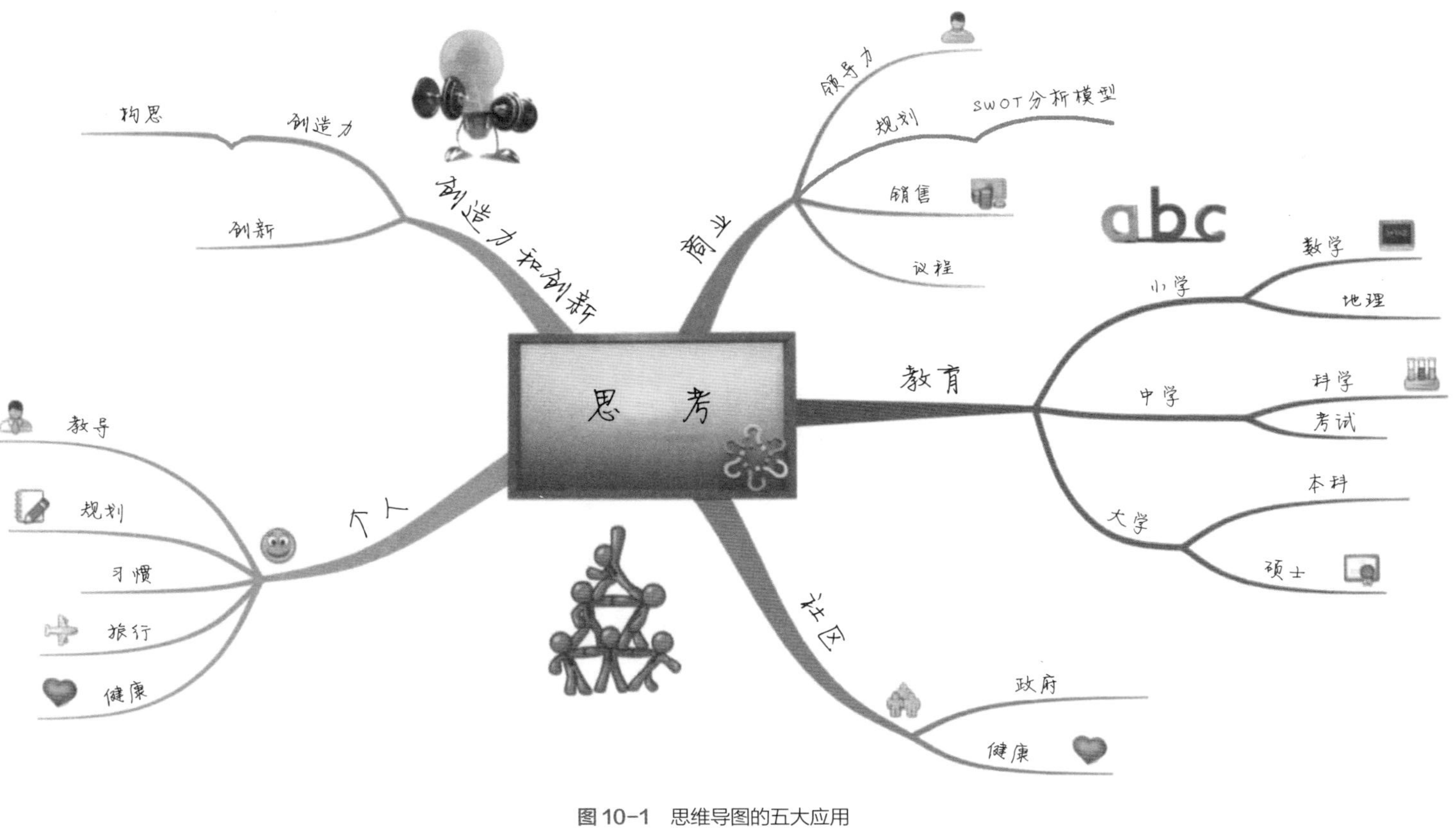

图 10-1　思维导图的五大应用

10.2 思维导图/记忆导图超链接

以下对“思维导图”理论做简要介绍，我会给出关于记忆导图的重要元素及存在意义：

1. 中心图。为什么？想象力。
2. 所有图像。为什么？还是想象力。
3. 所有颜色。为什么？冯·雷斯托夫效应和联想。
4. 关键词。为什么？每一个关键词都承载着独特的发散性关联。
5. 弧线而非直线。为什么？弧线更有意思，避免重蹈直线型的严肃，让每幅思维导图更具独特性、更加突出（冯·雷斯托夫效应）！

思维导图能为你提供即时的、积极的首因，因为它调动了所有的感官，并使用了几乎所有的技能。如果你看到一幅思维导图，你会对它有一个非常好的“第一印象”。

思维导图还给你一个非常好的近因。因为它包含格式塔、冯·雷斯托夫效应和联想。你的最后一眼就是在大脑效应最强的时候回顾了你需要知道的一切——近因时刻。

思维导图常被称为“大脑的瑞士军刀”，可以进行无限应用。你应该一直将思维导图作为首因（主要概述、演讲者介绍）、近因（章节总结、参与人说明）、冯·雷斯托夫（包括你的简历、工作申请的思维导图），并且利用它创造兴趣（产品总结）。

如何创建思维导图

博赞，2010 年 4 月 12 日，星期一

在这篇文章中，我们来看看如何创建一幅思维导图，现在就可以开始！

开启你的思维导图

1. 决定思维导图的主题——可以是任何东西。你只需要一个主题来形成中心思想，比如我打算规划假期。
2. 拿出一张白纸和几支不同颜色的彩笔，将纸张横放。
3. 在纸张中央画一幅能真正代表主题的画。因为是假期思维导图，我打算画一个海滩。
4. 现在为了你的思维导图给这张图标注。我想标注为“我们的假期”。
5. 通过从中间开始绘制，你就可以放飞思想，从不同的方向扩展。这就是自然的思考方式并能促进灵感和创造力！

发散思维导图想法

现在，到了思维导图真正有趣的地方，因为思维导图会刺激大脑创造新的想法，而每一个想法又都互相关联，看看你的奇思妙想如何跃然纸上吧！

- 在你的思维导图上绘制出彩色的粗线分支。画成弧线，这能比单色直线给予大脑更多的刺激。
- 在思维导图上增加分支，同时加上主要思想。在我的思维导图上，现在要加上度假地点、交通方式和住宿。争取增加五六个分支。
- 用彩色粗体大字在思维导图上写下你的想法，每个想法用单个关键词。每个分支只使用一个关键词，但这种方式下迸发出的妙趣想法却是成倍的。

运用创造力绘制思维导图

为了充分利用思维导图，发挥你的创造力吧！越富有想象力就越好，因为你会调动所有的感官。在任何可以的地方尝试添加颜色！思维导图要有彩色的分支和关键词，它们将刺激你的大脑。还要增加跟思维导图构思相关的图像和草图，因为它们可以增强你对笔记的记忆。我将在我的思维导图中添加假期中看到的事物的图片。

让思维导图产生关联

让思维导图的主要构思激发你进行联想：

- 从关键词中发散出较小的分支，彼此之间相互关联。例如，在我关于假期的思维导图中，我将“夏天”作为一个子分支添加到“时间”分支里。
- 可以增加的子分支数量没有限制。尽可能地填满你的思维导图页面！
- 子分支会促使你产生进一步的想法，继而产生更多级别的子分支。继续这个过程，直到你穷尽所有的想法！

- 已完成的思维导图可以随时返回至任何地方，你可以修改或添加更多想法。如果你有思维导图软件，就可以轻松地将思维导图保存在计算机中，随时以不同方式打印或导出！

现在，你已经完成了你人生中的第一幅思维导图（见图 10-2）。你将以一个有组织、有创意和有效的方式创造出代表你想法的导图！

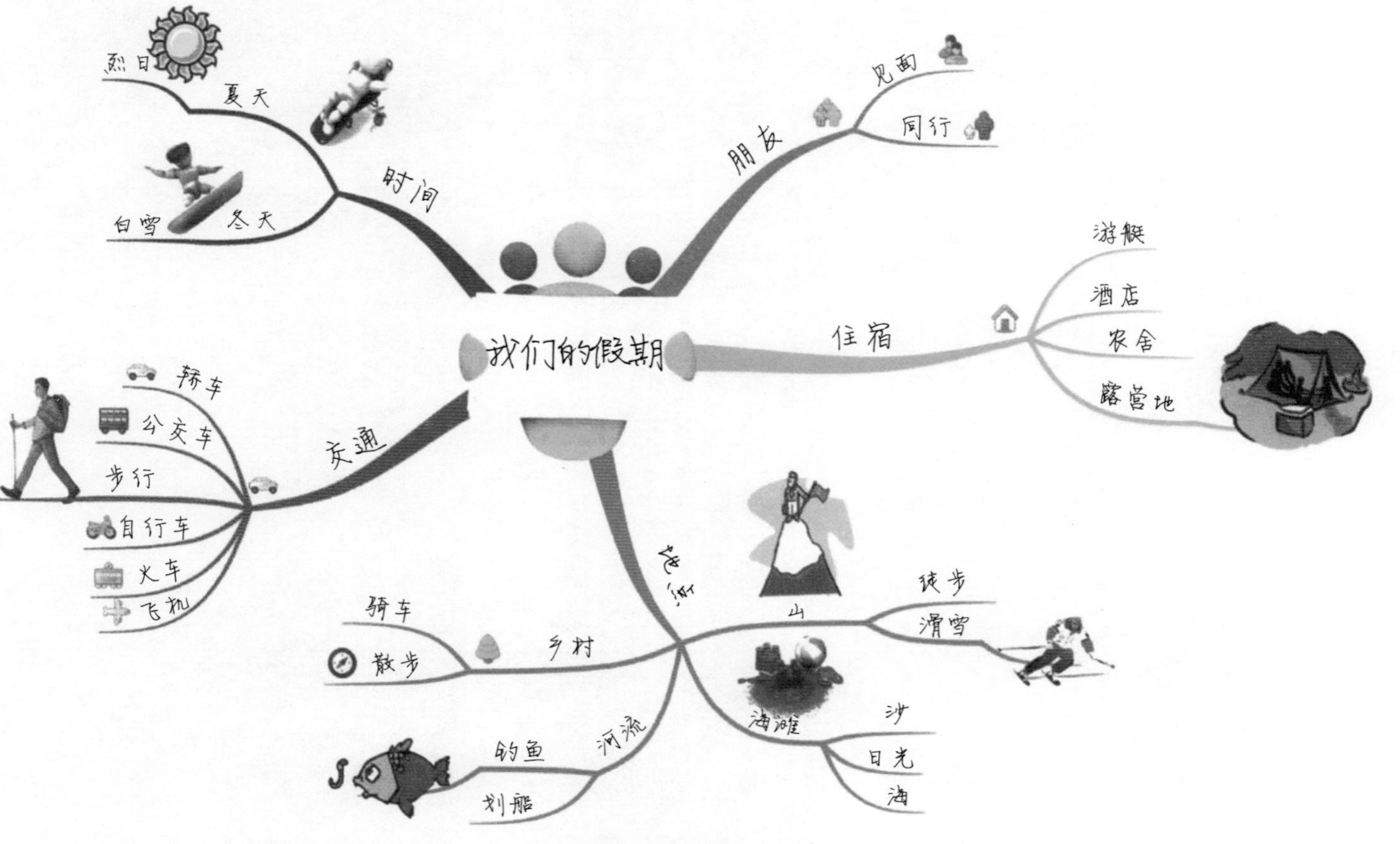
我们的假期
时间
夏天
烈日
冬天
白雪
朋友
见面
同行
住宿
游艇
酒店
农舍
露营地
交通
轿车
公交车
步行
自行车
火车
飞机
地点
乡村
骑车
散步
河流
钓鱼
划船
山
徒步
滑雪
海滩
沙
日光
海

图 10-2　记忆导图示例

第 11 章
迷人的回忆曲线

本章通过对“学习期间回忆曲线”的实验对比研究，证实了回忆驱动因素，如首因、近因、想象、联想和格式塔，都可以大大提高记忆水平。

11.1 “学习期间回忆图”研究总结

关于记忆的第一次实验调查是由德国心理学家赫尔曼·艾宾浩斯（1850—1909）完成的。艾宾浩斯因发现遗忘曲线和间距效应而闻名。他也是第一个描述学习期间回忆曲线的人。

感谢达·芬奇，他让我们知道我们可以对一切事物都感兴趣。那么毫无疑问，你肯定也会对最近墨西哥研究会所展示的记忆导图的强大力量这件事产生兴趣。

2006年，本书的合作者乔治·卡斯塔尼达——博赞拉美中心的主席兼总监，决定对学习期间回忆曲线进行开创性的研究。其目标是：

- 确定实验回忆曲线的行为模式，并与理论曲线进行比较
- 确定回忆驱动因素对回忆曲线行为模式的影响
- 产生学习回忆最大化的方法论

这是对墨西哥210所高中进行的定量研究，并得出了两个假说：第一，在没有回忆驱动或类似因素的情况下，回忆曲线表现得与理论曲线一样；第二，回忆曲线的驱动因素能提高学习期间的回忆率。

研究将对照组和实验组的结果进行对比，以测量学习期间回忆的程度差异。

对照组和实验组的学生都参与了两场总时长为120分钟的学习：一场关于大脑，一场关于创造力。

实验组的学习阶段使用了“回忆驱动因素”，包括首因、联想、格式塔、冯·雷斯托夫和近因效应。对照组的学习不包含此类驱动因素。两组在课后都进行了10分钟的突击测验。

每个测验包含24个多项选择，涵盖了120分钟内不同时间段的学

习信息。问题顺序随机，以避免模式识别或其他偏差。

基本上，研究结果验证了之前提出的两个假说。

首先，让我们看一下对照组，将实验结果与理论曲线进行比较。

图 11–1 显示了对照组在学习“大脑知识”10 分钟后进行测验的平均得分。

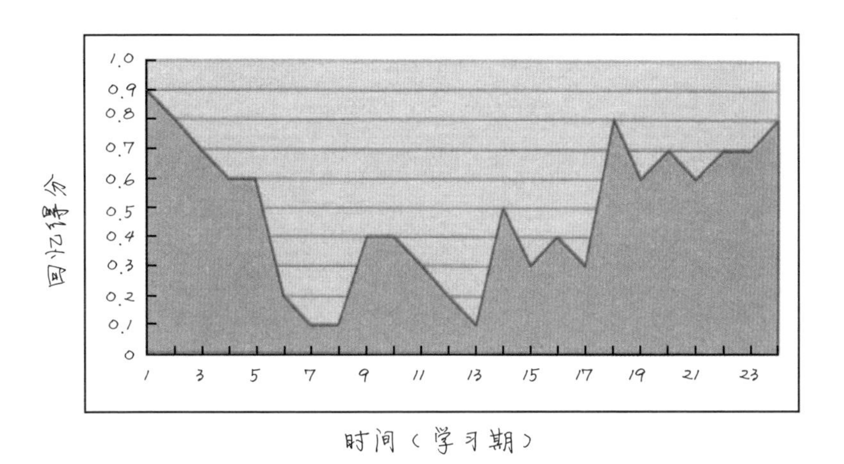

图 11–1　对照组的实验结果与理论曲线的比较

纵轴显示学生的平均得分，横轴显示 24 个 5 分钟的时间段（120 分钟的演示文稿）——与测验的 24 个问题对应。

该图显示了理论回忆曲线的类似模式，表明学习开始和结束时教授的内容比中间的内容更让人记忆深刻。

得分最低的问题是在针对学习阶段第 35 分钟到第 40 分钟之间的问题（第 7 ~ 8 段）。

接下来，让我们将实验组（黄色区域）的平均结果与对照组（蓝线）进行比较（见图 11–2）。

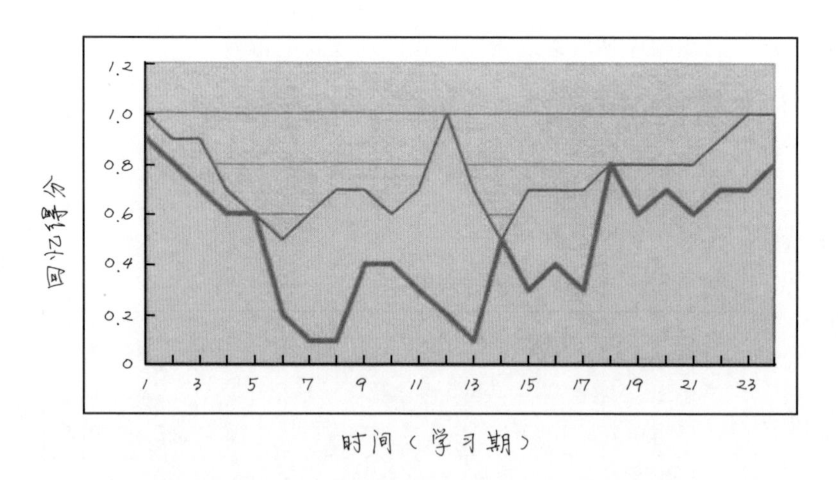

图 11-2　实验组的平均结果与对照组比较

此图显示：

- 对照图曲线走势与记忆导图的理论曲线相似。
- 实验组在整个时间段表现更平稳（波峰和波谷更少）。
- 由于首因效应和近因效应，两组在开始和结尾处的结果相近。
- 实验组结果在所有阶段都比对照组更好，特别是在第 30 分钟至第 60 分钟之间。
- 回忆驱动因素的应用对结果产生影响。

如果我们整体比较两组情况，则实验组比对照组提升 50%（平均总得分从 49.17 上升至 76.25）。

11.2　后续阶段

实验再次进行，这次以“创意智慧”为主题。同样，图 11-3 显示了实验组（黄色区域）和对照组（蓝线）的结果比较。

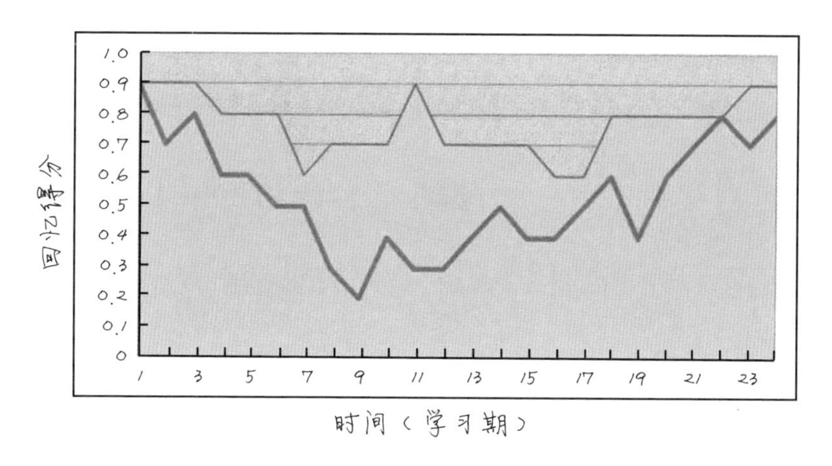

图 11-3　实验组和对照组的结果比较

此图显示：

- 对照组曲线形态跟与学习期间回忆理论相关的曲线走势相似，偏差在右侧（因为最低分值出现在第 45 分钟至第 60 分钟之间）。
- 实验组整个时间段内的表现更平稳。
- 由于首因效应和近因效应，两组在开始和结尾处的结果相近。
- 回忆驱动因素的应用对结果产生影响。特别是“想象力”驱动对内容回忆有极大的作用。这个效应显示在第 11 段（第 55 分钟），此处学生的平均得分为 9。

对比两组结果，实验组比对照组提升 43%（平均总分从 53.75 上升至 77.08）。

让我们比较一下对照组两次实验的结果，分别对应“大脑知识”和“创意智慧”学习阶段。图 11-4 展示了大脑的不同行为模式。

横轴显示对照组关于“大脑知识”的平均得分，纵轴显示“创意智慧”的平均得分。

两者存在极高的相关性（协同系数为 0.782），证实了在对照组的两个实验中回忆曲线的行为模式相似。

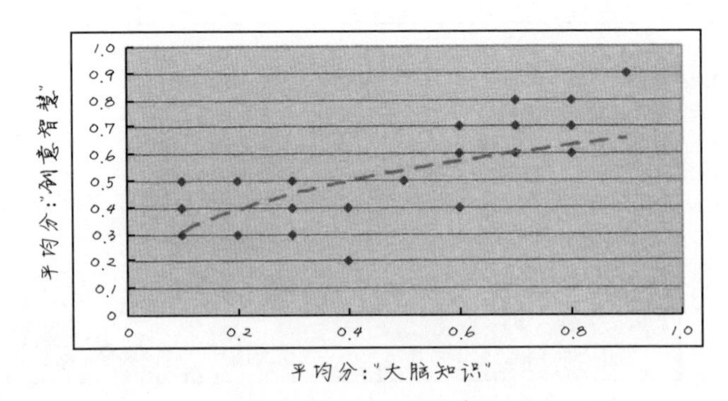

图 11-4 大脑的不同行为模式

现在再来比较一下实验组的两次结果（见图 11-5）：

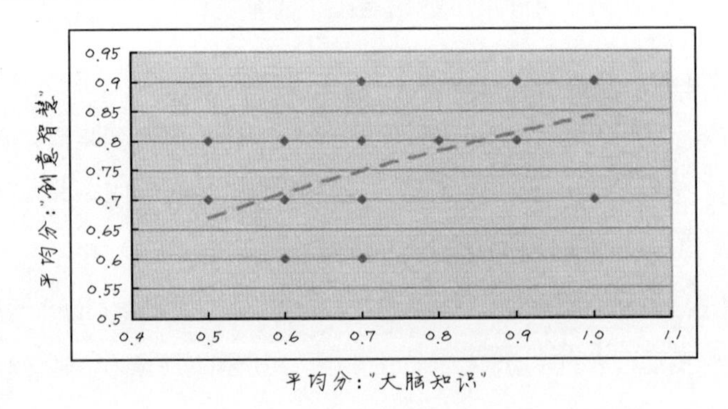

图 11-5 实验组的两次结果比较

横轴显示实验组关于“大脑知识”的平均得分，纵轴显示“创意智慧”的平均得分。

两次结果的相关性也很高（协同系数为 0.65）。即使相关性保持在较高水平，结果也会因为所使用回忆驱动因素的不同而产生变化。

以上所有研究结果都证实了记忆导图的理论模式。

更重要的是，它们证实了回忆驱动因素，比如首因、近因、想象、联想和格式塔，都可以大大提高记忆水平。实验组的记忆水平对比对照组分别高出近 54.7% 和 43.5%。

这就是研究证实的冯・雷斯托夫效应！快告诉你的朋友们吧。

第12章

学习后的回忆曲线

记忆导图有一个合作伙伴——学习后的回忆曲线，两者强强联手，能大大提升你的长期记忆能力。本章将带你了解记忆导图的功能，并教你如何利用“重复记忆”大大增加事件发生后信息被记住的可能性。

关于记忆和学习，最让人误解同时也常被人忽略的一点是，我们在学习之后应该立即回忆。图 12–1 显示，你的记忆在学习后，即随着数据“不断浸入”，确实会上升。因为你的大脑需要时间整合和联系新数据，所以定期休息很重要。

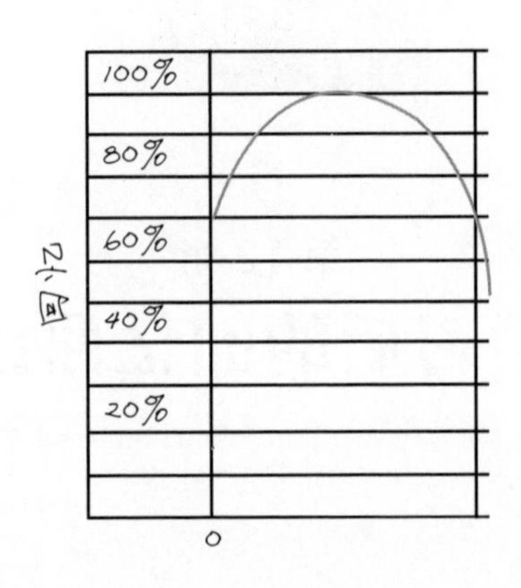

图 12–1 记忆曲线

上图显示，回忆水平在学习后短时间内上升，然后急速下降，通常 80% 的细节在最初的 24 小时内会被遗忘。由此可见，学习后回忆的大体趋势是滑向“遗忘”的边缘。

德国心理学家赫尔曼 · 艾宾浩斯在 1885 年的经典研究中首次为记忆下降提供了明确的证据。他著名的遗忘曲线显示了大脑遗忘的迅速性。不过令人高兴的是，他的研究也特别指出，通过间隔性地重新学习或复习学习材料，你可以把记忆保持在高点，而不会让它掉下去。

因此，最重要的是在第一天内就要好好回顾已经学到的内容。如果你不这样做，那么你对既非最初、又非新近，或者没有任何想象和联想的信息的记忆能力就会显著下降。

如果你在正确的时间点进行回顾，你原本下降的短期记忆将会上升，你会因此记住更多。

12.1 重复的价值

新的信息首先存储在短期记忆中，之后经过回顾和实践转入长期记忆。通常，需要回顾或重复至少 5 次才能将信息永久转入长期记忆。这意味着要对已经学习的内容进行定期回顾。

你应该回顾和重复已经学习的内容：

- 在活动发生不久之后
- 一天之后
- 一周之后
- 一个月之后
- 三到六个月之后（见图 12-2）

> “如果你想要记住什么，那么记得间断性重复。”
>
> 约翰·梅迪纳，美国知名神经科学家及分子生物专家，畅销书《让大脑自由》作者

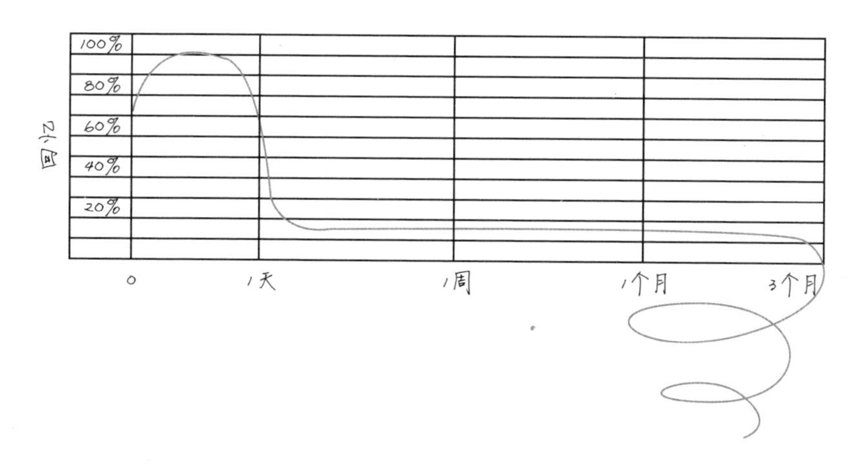

图 12-2 没有回顾，记忆将呈螺旋式下降

这就是遗忘和记忆之间的主要区别，想想后果。

没有定期回顾，你基本上就浪费了时间和资源，怀疑开始蠢蠢欲动，你将对螺旋式下降的记忆失去信心。

更重要的是，如果你记不住，就不愿学习或尝试新事物。就像很多人说：“做新年计划的意义在哪里？我会忘记我的计划然后放弃执行！”同样，你可能会因为惧怕“变老”或“变糊涂”而不去学习任何新事物，这是恶性循环的过程。

通过定期回顾或回忆，你不仅重温了学习信息，还增加了不少知识。你的创造性想象在长期记忆中扮演重要角色，你学得越多，就越能将新的信息与原有的知识结构进行关联（见图 12–3）。

定期花 5~15 分钟进行回顾，你会发现学习变得越来越有成效。你能有效地利用时间和资源，提高自信心和成就感，尊重自我能力的同时创造出无限螺旋上升的记忆！

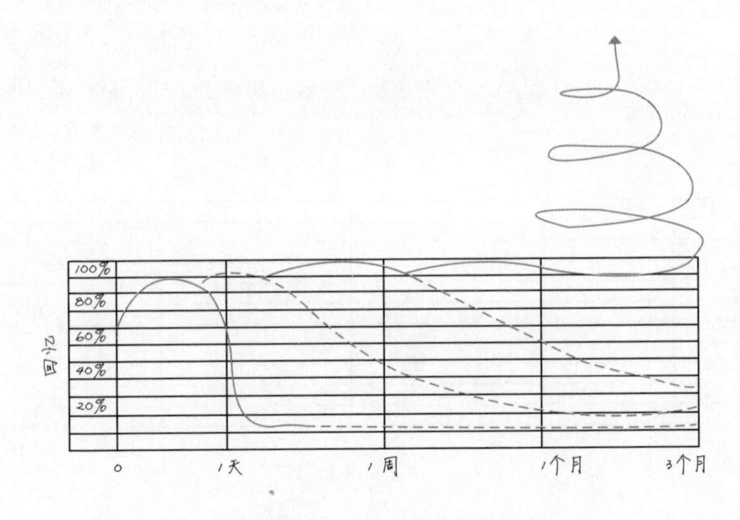

图 12–3　回顾产生的重大区别

回顾过程适用于许多领域，不仅仅是学习。在销售活动中，回顾是你常用的后续手段，以便传达出你的信息与长期目标相符。在销售电话打过一小时后继续联系潜在客户，表达“只是想感谢您百忙中抽出时间”并重申一遍要点，然后出于相关原因定期联系他们，这将增加促进销售和发展长期客户关系的机会。

后续跟进可以是亲自拜访、发信件或电子邮件。你可以利用技术来设置一系列自动回复（基于你对学习后的回忆曲线的新了解），以便客户可以将该信息进行关联。

即便客户最终购买了你的产品，也不意味着销售就此结束。有一条伟大的销售理念是说：你必须“永远记住客户，也让客户永远记住你”。你要通过不断的定期联系加强销售，确保客户开心，期盼客户保持忠诚。[①]

因此，在任何你需要保留信息或产生长久记忆的情况下，记得学习后的回忆曲线，你就能将“遗忘”转变为“难忘”。

---

① 约瑟夫·P. 瓦卡罗（Joseph P. Vaccaro），《管理销售人员：盈利的现实问题》（1995 年），霍沃思出版社。

记忆导图的本质和最终目标是给你自由——记忆的自由，思考的自由，创造的自由，了解他人的自由，提高多元智力水平的自由，随意探索无限宇宙的自由。换言之，是成为更加宏伟的、人性化的、无限的自我的自由。

—— 东尼 · 博赞

第二部分

应用，应用，再应用

第二部分主要讨论的是记忆导图的应用，通过创建成功图——全新 7.5 透镜公式，学习如何学习，以及如何运用记忆导图创造关键时刻，进行卓有成效的沟通，制定现代营销策略等。

将记忆导图原理应用到生活的方方面面，将为你打开一扇崭新的大门：如何管理自我，如何应对他人，如何创造一个丰富多彩、充满意义、值得回味的人生……

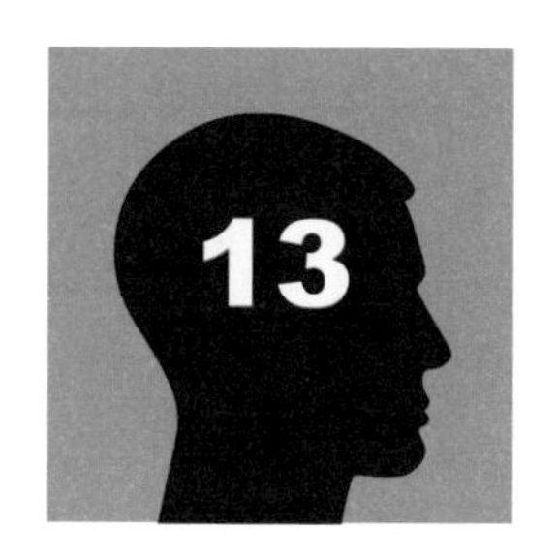

第 13 章

如何创建你的成功图——全新 7.5 透镜矩阵

本章将介绍一种灵活的、适应性极强的工具——7.5透镜矩阵，它为分析情况、学习新事物、设计全新事物和交付预期结果提供了一个全面的框架；它帮助你了解、解决和利用每个场景中的多个层次。通过创建专属于自己的成功图，你几乎可以确保成功！

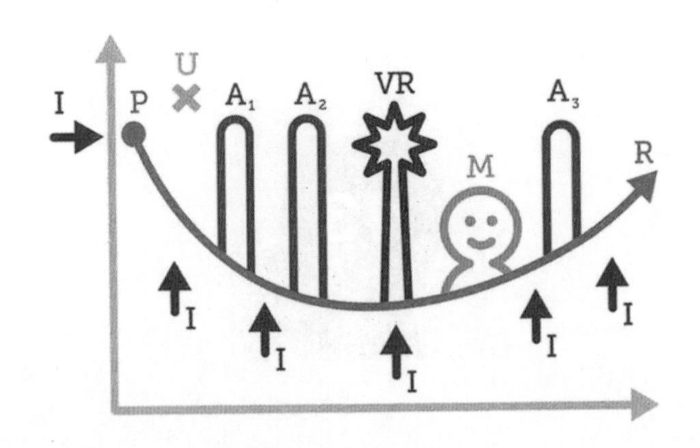

我即将介绍一种全新的创建成功图的方式——7.5 透镜矩阵。在这之前，我们先回顾一下记忆导图的主要元素，其中提及了 7.5 条新“记忆和行为规律”：

1. 首因效应。该效应显示，在其他条件相同的情况下，我们更容易记住学习过程中最初获取的信息。

2. 近因效应。该效应显示，在其他条件相同的情况下，我们更容易记住学习过程中最后摄入的信息。

3. 基于想象的冯 · 雷斯托夫效应。该效应显示，在其他条件相同的情况下，我们更容易记住突出的、不同的或者更为独特的信息。（额外附加值 0.5）

4. 联想效应。该效应显示，在其他条件相同的情况下，我们更容易记住相互关联或有联系的事物，特别是与自身或者周围环境相关的事物。

5. 理解与误解效应。该效应表明我们有可能“准确”记住从未发生过的事情，这是因为大脑具有非凡的想象、幻想、创造及联想的能力。对此效应的认识能使我们更深刻地了解理解与误解的本质。

6. 兴趣效应。兴趣就像一个沉睡的巨人，一旦唤醒，大脑就像发动了大型涡轮机，所有学习、思考、记忆、创造能力将瞬间大幅度提升。

7. 意义效应。大脑通过获取碎片信息并将其重组而形成整体印象，因此，意义和洞察成为记忆与学习过程的一部分。

13.1　7.5透镜

与 SWOT 分析模型（SWOT Analysis）通过四要素（优势、劣势、机会、威胁）来看待问题的方式相类似，我们也可以通过记忆导图的“7.5 透镜”来分析任何情况（见图 13-1）。

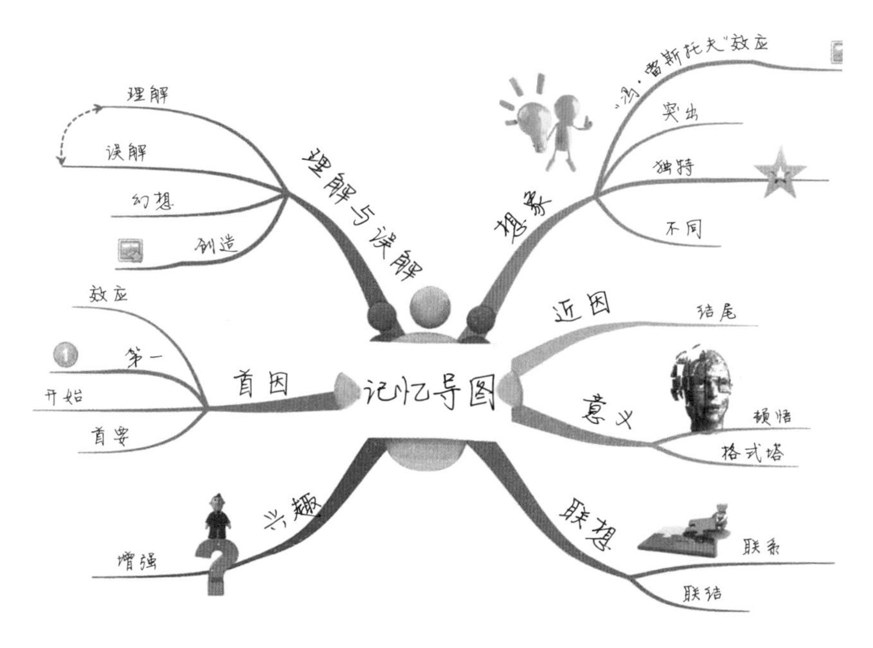

图 13-1　记忆导图的“7.5 透镜”

使用“7.5 透镜”可以将记忆导图的原理应用于两个层面：

1. 分析 & 学习

2. 设计 & 交付

7.5 透镜矩阵是一种灵活的、适应性极强的工具，它可以帮助你分析任何情况、了解新事物、设计新内容，并实现期望的结果（见图 13–2）。应用方面包括：

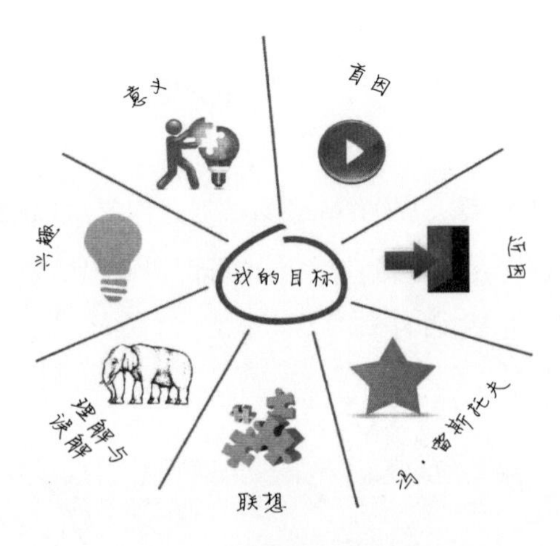

图 13–2 “7.5 透镜”可应用的目标

- 规划你梦想中的婚礼
- 家装设计
- 策划令人难忘的生日派对
- 成为更称职的父母
- 组织家庭聚会
- 挑选礼物
- 分类整理私人事务
- 赚钱
- 最终从事理想的职业
- 写诗
- 设计画作或雕塑作品
- 制订员工保留计划
- 撰写论文
- 策划会议
- 规划见面会
- 做一次演讲
- 纵览零售店布局
- 改善专业服务
- 开展客户服务审阅
- 设计网站
- 增加销售业绩
- 改善呼叫中心服务

下一页展示的是矩阵模板（含关键问题和思考提示，见表 13–1），后续页面提供的是如何完成矩阵的实例（见表 13–2、表 13–3）。

表13-1　7.5透镜矩阵

	分析&学习		设计&交付	
1. 首因	我的主要焦点是什么？ 我的主要目标是什么？ 我的主要观众是谁？		我如何开始？ 怎样可以让首因更突出？	
2. 近因	关键成果是什么？ 期望结果是什么？		我以什么结尾？ 它会如何结束？	
3. 冯·雷斯托夫	在这种情况下凸显了什么？ 不同或者独特之处在哪里？		哪些突出的特点能帮助我记忆？ 可以添加哪些突出的元素让公司变得更令人难忘？	
4. 联想	有哪些联系？ 什么与之联系？		引发观众/顾客的关键联想是什么？ 什么样的案例研究与我的员工/观众/顾客相关？	
5. 理解与误解	事实是什么？ 感受是什么？		引发误解的潜在点在哪里，在理解的过程中我如何避免它？ 如何提升清晰度？ 如何保证已有的联想和意象可以提高恰当理解的可能性？	
6. 兴趣	涉及的主要价值是什么？ 最有趣的元素是什么？		怎么做才能让它更有趣、更有力地与我的员工/观众/顾客联系起来？	
7. 意义	总体情况是什么？ 这和其他领域有什么关系？		对其他人意味着什么？ WIIFM——我能从中得到什么？	

表13-2 关注：人力资源经理审查和制订员工保留计划

	分析&学习	如何改善员工保留	设计&交付	新员工保留计划
1. 首因	我的主要焦点是什么？ 我的主要目标是什么？ 我的主要观众是谁？	增加员工保留度。 现有及新招的员工。	我如何开始？ 怎样可以让首因更突出？	下次会议发起新倡议。 从新员工入职开始。 每天都做好迎新工作。
2. 近因	关键成果是什么？ 期望结果是什么？	减少员工流失。 提升员工满意度。	我以什么结尾？ 它会如何结束？	进行离职面谈。 工作回顾。 每天友好送别。
3. 冯·雷斯托夫	在这种情况下凸显了什么？ 不同或者独特之处在哪里？	客户服务部门人员流失率高。 部门与部门之间互相比较。	哪些突出的特点能帮助我记忆？ 可以添加哪些突出的元素让公司变得更令人难忘？	奖励与认同机制。 给员工更多冯·雷斯托夫式目标。 巧妙的活动名目。 有创意的团建活动。 设置一整年的特别活动和奖杯，让冯·雷斯托夫效应维持在较高水平。
4. 联想	有哪些联系？ 什么与之联系？	新员工培训计划。	如何强化与员工之间的联系？ 什么样的案例研究与我的员工相关？	增强员工与公司以及同事间的联系。 考察其他公司。 创造更牢固的纽带。 让自己与员工间的联系更紧密。

续表

	分析&学习	如何改善员工保留	设计&交付	新员工保留计划
5. 理解与误解	事实是什么？ 感受是什么？	公司人员流失不利于业务发展。 造成公司只追求利益、压榨员工的负面形象。	引发误解的潜在点在哪里，在理解的过程中我如何避免它？ 如何提升清晰度？ 如何保证已有的联想和意象可以提高恰当理解的可能性？	理解高薪资并不等于员工满意度。 创造更牢固的纽带。 永远记住争论、不赞成和误解的初衷都是寻找解决方案。
6. 兴趣	涉及的主要价值是什么？ 最有趣的元素是什么？	员工忠诚。 员工对培训和专业发展感兴趣。	怎么做才能让它更有趣、更有力地与我的员工联系起来？	实施轮岗。 实施导师制度。 当兴趣和注意力下降时，确保全新的、充满生机的联想和冯·雷斯托夫效应让员工重新振作。
7. 意义	总体情况是什么？ 这和其他领域有什么关系？	招聘高成本。 业务技能流失。 运营不连贯。	对其他人意味着什么？ WIIFM——我能从中得到什么？	提高工作满意度。 稳定性。 保留关键技能。

表13-3　关注：大学生撰写论文

	分析&学习	规划我的研究	设计&交付	设计和撰写论文
1. 首因	我的主要焦点是什么？ 我的主要目标是什么？ 我的主要读者是谁？	针对某些论题进行相关的研究。 老师与同学。	我如何开始？ 怎样可以让首因更突出？	提炼摘要。 提出假设。 以问题开始。
2. 近因	关键成果是什么？ 期望结果是什么？	良好的成绩。 论文两周内上交。 无压力的研究。	我以什么结尾？ 它会如何结束？	结论。 关键学习要点。 以问题结尾。
3. 冯·雷斯托夫	在这种情况下凸显了什么？ 不同或者独特之处在哪里？	论文分数占比60%。 团队作业。	哪些突出的特点能帮助我记忆？ 可以添加哪些突出的元素让论文变得更令人难忘？	包含多媒体。 采访专家。 与其他学科对比。
4. 联想	有哪些联系？ 什么与之联系？	其他学科也是考试准备的一部分。	对读者的关键联想是什么？ 什么样的案例研究与我的读者相关？	联系理论。 联系老师最感兴趣的方面。

续表

	分析&学习	规划我的研究	设计&交付	设计和撰写论文
5. 理解与误解	事实是什么？ 感受是什么？	2周内完成2500字的文章。 仅限文字吗？ 老师对某个观点存在偏见。	引发误解的潜在点在哪里，在理解的过程中我如何避免它？ 如何提升清晰度？ 如何保证已有的联想和意象可以提高恰当理解的可能性？	确保没有歧义。 使用清晰的例子。
6. 兴趣	涉及的主要价值是什么？ 最有趣的元素是什么？	如何能将此研究用于其他学科？ 现实生活中具有一定的可操作性吗？	怎么做才能让它更有趣、更有力地与我的读者联系起来？	包含示意图。 包含思维导图。
7. 意义	总体情况是什么？ 这和其他领域有什么关系？	获得学位。 为下学期的学习打基础。	对其他人意味着什么？ WIIFM——我能从中得到什么？	对一篇研究充分、文字考究、堪称一流的论文的自我满足感。

1．首因效应

速度已经成为互联网时代的信条。每个人的时间都极其宝贵，耐心却日渐压缩。长篇大论越来越不受关注，即使刷短视频，其内容如果在7秒内未能吸引你，那么下一条内容将立即取而代之。

商业情境下，有效运用“首因效应”，在第一时间抓住对方的注意力，成为值得刻意训练的重要技能之一。世界级的管理咨询公司麦肯锡提出了一个沟通法则，叫“30秒电梯法则”，它的意思是，高效能人士凡事要在最短的时间内把想法表达清楚。

一场生动的演讲，它的开篇像凤头一样小巧精美，引人注目。一封邮件，标题直指要点，才能吸引收件人第一时间阅读并处理。一套PPT课件，每一页PPT的标题都决定了对方是否有兴趣了解正文内容。

走上讲台，开场说话的这段时间如黄金般珍贵。所有课程都会为新手培训师提供必要的技巧，协助培训师克服当众讲话的紧张。每一位培训师可以针对不同的课程为自己常备一个开场思维导图模板。架构好你最喜欢说的五句话的关键词，比如欢迎、引发兴趣、收益、大纲、培训师自我介绍等。然后为各个关键词配上插图。当你面对一张张学习者的脸庞时，眼前似乎就像是科幻电影里悬空停放的透明导航面板，上面是那张提前设计好的导图，你会清晰地“看”到，在导图右上角1点钟方向，你要说的第1个关键词是什么，直至11点钟方向的关键词说完，你精彩的开场白也就轻松地完成了。

除了简明，还可以精美。在培训师自我介绍环节，屏幕中如果同步展示一张培训师的思维导图自我介绍，中心主题点明主旨的同时，生动的图像能快速吸引学习者的好奇，营造出一个高能量的首因效应。用心绘制的自我介绍，当它被展示出来的一瞬间，总是能引来一片赞赏的欢呼。

2. 近因效应

好的结尾是成功的一半。

越了解记忆导图中的不同效应，我们便更清楚应该如何合理地投入我们的精力。

2002 年,心理学家丹尼尔·卡尼曼（Daniel·Kahneman）提出的“峰终定律”获得诺贝尔经济学奖。该定律强调当我们回顾一段经历的时候，决定评价高低的并不是每一刻的真实体验，而是我们能回想起来的高峰和结尾。人是感性的，高峰的体验是精彩的，但结尾的体验也会深刻地影响人的回忆。

从记忆导图的角度来理解，这正是冯·雷斯托夫效应（峰）与近因效应（终）的叠加运用。课程收尾环节，培训师可以从回忆知识点、加深学习者的关系和感召行动等方面来设计。

思维导图的树状结构特别适合用来呈现知识点与知识点的关联。

若想加深与学习者的联结，可以互绘导图感谢卡。在心形卡片上绘制迷你导图感谢卡，中心图写上想要感谢的学习者的名字，分支内容包含对方做了什么具体的行动，对你产生的积极影响，你想要表达的心情等，绘制完毕后送交对方。每个人可以绘制多张感谢卡送给不同的人。

3. 冯·雷斯托夫效应

在信息泛滥的时代，比起寻常的事情，我们更容易记住那些与众不同的事物。品牌若要占有用户的心智资源，逐渐发展壮大，首先要回答的问题是：我和别的品牌有什么不同？培训师也需要拥有自己的独特标签，如此寻找答案的动态过程，是一个又一个冯·雷斯托夫效应的搜集和比较。

设计课程时，为了辅助学习者更容易地记住重要的知识点，可以依据冯·雷斯托夫效应，对一系列问题予以检核。

- 学习者在结束学习后，能够带走的最闪耀的一个知识点是什么？
- 可以添加哪些元素让这个知识点变得难忘？
- 知识点的命名能调动学习者多感官接收信息吗？
- 有没有生动的隐喻可以形容该知识点？

例如，培训师在职场讲授思维导图应用中的逻辑表达时，可以提前准备一个迷你金字塔模型，有利于制造冯·雷斯托夫效应，将思维导图的层级特性以实物的方式展现，更易被学习者记住。

对整套课程的概念图，培训师也可以借助对冯·雷斯托夫效应的理解来创造隐喻。汉字的字形千变万化，培训师可以通过“说文解字”的方式，演绎出一段与众不同的“英雄之旅”。思维导图等思维训练类课程希望引领学习者发掘自我的潜在能量，像鸟儿一般，锻炼翅膀的力量，飞向自己向往的高山，开创更卓越的未来！

4. 联想效应

我们的大脑会自动将发现的碎片资讯以某种顺序连接起来。这种连接涵盖两种维度。

第一种维度：资讯互联，让资讯自身的联结保持贯通。

学习者会从资讯中寻找出共性，以提高记忆效率，方便快速理解。举例来说，我们尝试对“人”进行分类，分成男性、女性时，引发学习者的关键联想是“性别”。当分成大人、孩子时，关键联想变成“年龄”。我们还可以不停地切换关键联想，生成更多的可能性。

第二种维度：人讯互联，建立起资讯与学习者的联结。

想让学习者和培训师并肩，就要尽可能多地站在学习者的角度，去琢磨其需求和想法。

从事培训的人熟悉一个术语——“WIIFM”频道（英文“What’s In It

For Me”的缩写）。每一位学习者脑海中都萦绕着这个频道的声音，不时确认“我能从中获得什么”，以及“让我觉得自己很重要”。

培训师要站在学习者的视野去设想知识点之间的关键共性，去感受学习者的痛点和期待，围绕着他们熟悉的场景展开案例的讲解。

越贴近学习者真实应用场景的案例和故事，越能激发学习者的旧知，使其投入积极的学习场域。

5. 理解与误解效应

思想不是容器，而是火苗。培训师面对课堂上的学习者时，越懂得理解与误解效应，越能接纳每一位学习者都是独一无二的创造者。培训师准备的内容就像带着火花的离弦之箭，燃亮每个人心中不同的世界。

培训师在授课前，需要细心梳理整个课程的逻辑线，查阅和搜集海量的资料，确保每一个观点都有翔实的数据或案例支持。每一页 PPT 课件的文字表述都清晰准确，不容易造成歧义。例如，“思维导图在全世界各行各业获得广泛应用”这个观点，不能只凭拍脑袋写出标题，而是要从一系列思维导图书籍和权威官方网站中去摘取相关的应用场景、成果数据和客户评语，等等。

授课中，分小组讨论时，培训师需要带领一些学习活动，让一个小组尽可能由不同特质的学习者构成，让理解来自不同维度，感受也五花八门。思考的切入视角越多，思考的晶体越接近钻石级光芒。

6. 兴趣效应

在培训与教学领域，培训师的目的是影响他人的行为能够发生改变。美国“培训师中的培训师”鲍勃·派克（Bob Pike），提出了创新性培训技术，致力于最大限度地激发学习者的内在学习动机。他在自己的著作中屡次提到思维导图这一重要的图示工具。他用思维导图撰写讲稿，将需要传递给学习者的相关概念、信息以导图的形式联系起来。对营造能令学习者保持高兴趣度的学习场域，派克也提出了多种方法，其中包括头脑风暴、提问、全身心学习和见证分享等。

好的问题可以激发兴趣，也可以让学习者的注意力集中。培训师可以在白板上绘制思维导图，将问题写在中心主题的区域，请学习者在思维导图上添加更多线条，记录下更多的思考答案。

全身心投入学习，即学习者除了看 PPT 课件，听培训师讲解，还可以动手涂鸦，思维导图就是超级涂鸦笔记。涂鸦可以激发更多的联想和想象。培训师可以从课程中选取一个抽象概念，请学习者根据自己的理解，用熟悉的事物来表达。例如抽象概念词“创造性思维”，有的学习者画一个闪闪发亮的灯泡，有的学习者画超人，还有人画星际旅行。从思考画什么的那一瞬间起，学习者的注意力就牢牢地锁定在画画这个动作上，不仅活动了肢体，还有助于更深入地理解知识点。

希望被赞美、认可和鼓励是我们极为重要的需求。一张绘制完成的导图，无论是什么主题，它已经是创作者按下思考暂停键的一张地图。培训师可以设计分享环节，让学习者手舞足蹈、绘声绘色地逐个讲解关键词或关键图像是如何被创造出来，之后还有机会收获其他学习者提供的有价值的反馈，例如哪个关键词特别吸引人，哪个模块还想要了解更多，等等。

7. 意义效应

一场培训临近结束时，学习者脑海中灌满了各式各样的方法和工具。此时培训师可以将各个时间段出现的知识点梳理出关键词，现场绘制思维导图，逐步呈现出碎片知识点之间的关联过程，帮助学习者在最短的时间形成对课程的整体印象，强化学习效果。如果学习者对思维导图有一定的基础，这个环节也可以由学习者来完成。

课程回顾不仅可以用思维导图梳理知识点，还可以引出对核心问题的探讨：学习思维导图对我们有何意义？意义对学习如此重要，我们寻找意义是为了解释过去，以及指导未来的行动。

若直接用“意义”作为问题，大多数学习者略微会感觉有一些挑战。此时思维导图所推崇的“一图胜千言”思考模式可以起到较好的引导和激发作用。培训师提前准备一些照片或明信片，让学习者在若干张卡片中选择一到两张最接近自己心目中“意义”的画面。有了具体的画面，学习者可以透过图像寻找关键联想，逐一分享自己学习思维导图的意义和认知。当所有人分享完毕后，培训师可以继续引导学习者再挑选一张能代表全场学习者心目中“意义”的图片。这张图片，正如思维导图的中心图，像“拍立得”相机一样，“咔嚓”一声，汇聚所有人的目光，将这一刻永驻。

13.2 层层叠加

“你必须学会以规范的方式思考，才能在未来表现出色。”

霍华德·加德纳，心理学家，多元智能理论发明者

如你所见，7.5 透镜矩阵为分析情况、学习新事物、设计全新事物和交付于你期望结果提供了一个全面的框架。它可以帮助你了解、解决和利用每个场景中的多个层次。你添加的层数越多，你的记忆、业务和生活状态就会越好。

通过创建自己的成功图，你几乎可以确保成功！

第 14 章

学习如何学习

你可能会遇到一个问题，即如何使用记忆导图。改变的最佳过程是怎样的，如何能将学习的效率发挥至最大？事实上，这就是学习如何学习的过程。幸运的是，学习如何学习是一个兼具实验性和基础性的科学过程，可以总结为英文字母缩写“TEFCAS”。

TEFCAS是尝试、结果、反馈、检查、调整和成功的英文单词首字母大写，我称之为“人生的指针”。

T（Try 或 Trial，尝试或试验）：任何学习的发生首先必须要有尝试。试验，是第一步。

E（Event，结果）：不管试验什么，随后都会出现由于尝试而发生的一系列结果。球抛出后被接住了；球抛出后落地了；化学物质相互结合发生反应……

F（Feedback，反馈）：作为试验的结果，你将从宇宙中接收多种感官的输入。你的眼睛每秒接收数十亿比特的数据；你的耳朵通过空气的流通收到数以百万计的数据；你的鼻子接收数十亿个被设计成密码的化学颗粒；你身上的皮肤接收到数十亿的触觉数据；当你改变或移动位置时，你的运动系统从表皮的每平方毫米处，从每块肌肉和每个神经连接点上接收到几乎无限的数据。接收反馈就像从宇宙中接收礼物，你可以关注也可以拒绝（许多人不知不觉地选择忽视反馈，即不接收这种恩赐的礼物）。

C（Check，检查）：下一个阶段是检查反馈，运用你的分析、计算、感知和想象能力，比较试验结果与原始假设或原始目标。

A（Adjust，调整）：作为反馈和反馈分析的结果，再次使用你大脑皮层神经元全部的技能，改变你的行为，使你更接近原始目标。

S（Success，成功）：无论你目标的动机是什么，出于“善意”或“恶意”，你的目标始终是成功。

之前普遍认为，人是一种“尝试—错误”的机械，但实际上，人是一种“尝试—成功”的机械。因此，你不是“问题解决者”，而是“解决方案寻找者”。

> “一个团队有学习的能力并能把所学的东西迅速转化为行动，这就是无穷的竞争优势。”
>
> 杰克·韦尔奇，通用电气前首席执行官

TEFCAS 模型完全反映了原始但仍具普遍性的科学方法。我们不妨先来了解一下科学方法的步骤包括哪些：

1. 假设。在此环节，你正在预测未来，预测如果做某些实验会发生什么结果。

2. 实验设计。在此环节，你设计实验，以便提供有关假设及其准确性或不准确性的适当信息。

3. 实验。操作实验（这就是你的“试验”）。

4. 结果。设计和完成实验后，观察结果（这就是你的反馈）。

5. 结论。在此阶段，你完成了实验和实验反馈分析，针对原始假设的准确性或不准确性得出结论。

6. 下一次实验。基于第一次实验的结果和结论，形成下一个假设（这是调整之处），再设计下一个实验，继续追求你所试验领域的真理（这就是成功）。

正如你看到的，TEFCAS 是应用于学习方面的科学方法。那么，它如何与记忆导图相匹配呢？

- 试验就是你的首因效应，理想情况下，你希望首因效应尽可能完美。
- 结果就是你的冯·雷斯托夫（希望如此）。
- 多感官的反馈提供数据，使你可以进行联想，帮助引导你走向最终结论。

- 检查就是你对数据的分析，再次尝试形成合理联想，让你在学习上更进一步。
- 调整就是你形成新联想，再次让自己以期望的方式向目标靠近。
- 成功是你的目标。每一次学习试验，你都会创造一个近因。这个近因就是你距离最终目标的最新位置。

正如记忆导图所述，重要的是你的近因是否积极和振奋人心。如果你的实验取得了惊人的成功，自然就会获得积极的近因。

如果特定实验使你远离最终目标，会发生什么？这难道不是一个会给你带来负面近因和重大哲学困境的失败吗？

绝不是！！！

你可以看到，在TEFCAS模型中不存在失败，它是客观公正的。当托马斯·爱迪生在被嘲讽为“在夜间照亮星球”的实验中失败超过6000次时，他说：“我一次也没有失败，我已经成功地完成了6000多次实验，因此比历史上任何曾经做过这类研究的人都更接近真相。”

对任何一个学习者来说，每一个近因都是一个积极的结果。无论它把你放在距离最终目标的什么位置，它一直给予你更多的反馈和信息，因此从理论上说你总是更靠近目标。

学习如何学习是一场终极冒险，TEFCAS 模型可以引导你成功地进行这次冒险。

记忆导图是 TEFCAS 指南理想的配套工具，确保 TEFCAS 流程的方方面面都将更加积极、更加精力充沛、更加深刻难忘，当然也更令人愉快。

14.1 生活的杂技

在培训项目中，我们经常把学习和理解 TEFCAS 模型的应用过程比作耍杂技。球被你抛出去后又掉落在地，有人认为学习环节就此结束，但事实上才刚刚开始。你必须检查反馈——以某种方式扔球，球会掉落；据此相应地调整动作——你的站姿、投掷的角度、投球的力度，回顾流程后再来一次。你在看似非常短的时间内进行的"实验"，实际上让你经历了整个 TEFCAS 过程。人们之所以失败是因为当第一个球落地时他们就选择了放弃。

养育孩子、发表演讲、发布新产品或准备考试，显然都是需要花费更多时间和精力的学习过程，但这一原理将同样适用。

> "只要你活着，就要不断学习如何生活。"
>
> 卢修斯·阿奈乌斯·塞内加，罗马哲学家及政治家

14.2 演示和培训

如果你想更新演示文稿或培训计划，以使其更符合记忆导图规律，你可以使用 TEFCAS 模型来帮助自己学习。

为你的新想法 / 方法（例如，使用道具来解释观点）进行尝试、行动（结果）、收集反馈（从自己和他人身上）、检查反馈，然后调整你的演示文稿，再进行一次尝试。

如果你是第一次演示或者进行培训，那么让自己一个人待在房间里练习是不错的方法。真正地大声读出来与在大脑里不断演练，两者效果截然不同。如果可以，邀请一群友好的观众坐着观摩你的演示并向你提供一些客观的反馈。

14.3 广告

开始新的广告活动时，请以记忆导图原理和 TEFCAS 模型作为步骤指南。无论是付费的网络推广方式，还是传统的媒体宣传方式如报纸、传单或宣传册，都可以使用此流程。

你首先想要用什么（首因）来抓住人们的眼球？如何捕捉他们的关注点？想让他们做出什么样的关键联想？如果你的文本信息中出现的关键词，能使读者啧啧称奇，或者你所提供的内容恰巧正是他们需要的——这些，就是你的关键信息。

是什么让你的广告脱颖而出，成为冯·雷斯托夫？图表？有趣的词？价格？饱受争议的品牌名称——如“维珍新娘”（维珍集团旗下曾经的婚纱品牌）？又是什么让人们记住了你的广告，更重要的是记住你？

你希望他们看完广告后做什么，即“行动呼吁（近因）”——打电话给你吗？点击购买链接？或者，走进你的商店？

试将 TEFCAS 模型应用于你的广告活动中。例如，尝试设计 2~3 个不同版本的公司或产品宣传单（试验和结果），然后看看哪个版本获得最佳反馈，接着检查与目标的相关性（你是否从正确的人群即你的目标市场中得到回应）。最后，通过微调副本和选项进行调整，选择两个最佳版本再次进行最终的比较。

使用相同的过程来设计最佳的报纸或杂志广告及在线横幅，并优化你的广告活动。更棒的是，使用它创建一个引人注目的网站，带来更多的流量、更高的点击率，以期达到更高的营销目标，从而获得成功！

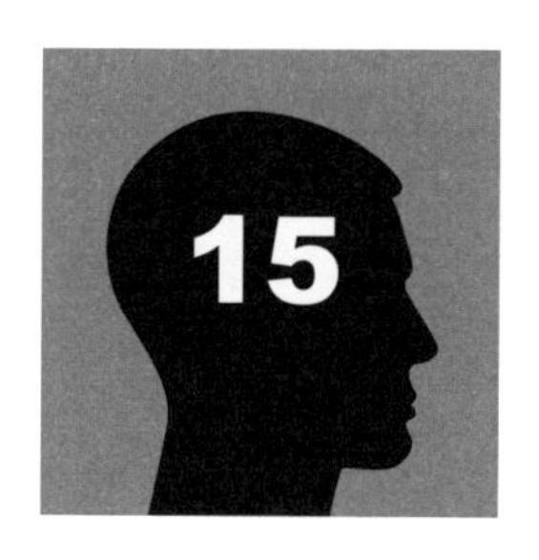

第 15 章

关键时刻

关键时刻是一个冯·雷斯托夫，它会发散联想，本身也包含了首因和近因。从记忆导图的视角来看，可以将其定义为融合“最重要图表”所有要素的凝聚时间点。

“关键时刻”[1]是指商业中那些决定客户与企业之间未来持续性关系的重要时刻。这一概念由北欧航空公司（SAS）前总裁詹·卡尔森在其著作《关键时刻MOT》中首次提出，它关注的是客户驱动经济，一经提出，便引发了公众极高的关注度。

想象有这样一位生活无忧的退休人员，在白天照顾孙子的时候，需要去银行提取现金，同时储蓄两张国际支票。让我们来感受一下她的不寻常经历：

1. 首先，她不得不浪费时间在周围转悠找停车场，因为银行附近没有。

2. 主干道在高峰期不允许停车，而她恰好在这条路上。

3. 终于找到了一个停车场，但她不得不费一番力气把又大又重的婴儿车架好，因为走过去有点远。

4. 她刚出发就下雨了。

5. 银行门口没有人打扫，她恰好踩到了脏东西。

6. 银行没有坡道，她费劲地把婴儿车抬上台阶，旁边也没有人帮忙。

7. 她努力用一只手推开门，另一只手推着婴儿车，艰难地走进去。

8. 终于进来了，可还是没有任何人帮忙。她发现自己排在长队的末尾，队伍前的人正在和职员进行新设一个企业账户的冗长对话。

9. 终于到达队列前方，我们这位不畏艰难的客户被要求取号并等待下一个专门负责的银行职员——她注意到，她是387号，而他们刚刚开始服务363号。

10. 不知道要花多长时间，因为人群拥挤，她无法坐下来，又被迫听着无聊的嘈杂声。

11. 她看着两名柜员在旁边愉快地聊天，另外两名正在一刻不停地

---

① 詹·卡尔森（Jan Carlzon），《关键时刻MOT》，北京：中国人民大学出版社，2010。

为客户服务。

12. 终于叫到她的号了，她费力地在一堆枯死的植物旁边停好婴儿车。

13. 请求取款 500 美元，但被柜员告知她没有足够的现金用于提款，必须到银行后台授权提取更多现金。

14. 存入两张国际支票时，她被告知虽然可以填在一张表格上，但是需要收取两笔交易费。

事情就这样进行着。

柜员们很惊讶，为什么当说“祝您今天愉快”时，这位退休人员会表现得如此暴躁。

接下来，她把这次服务体验与近期的其他服务体验进行比较：比如当地非常友好的面包店，推出最新款复合谷物产品（含有近期重新发现的古代谷物营养成分）的免费试吃活动；又比如快乐的水果商贩，对着她微笑，送给她孙子一只熟透的橘子。

你可以看到，每个“关键时刻”都包含了记忆导图推崇的原理精髓——每一个细微时刻都有自身的首因、冯·雷斯托夫、发散的联想和情感以及结尾或近因（不论积极的还是消极的），之后，才会出现另一个包含所有记忆导图精髓的时刻。

> “我敦促别人仔细审视自己的组织……你将创建一个更强大且更有弹性的组织，不仅能为客户提供更好的服务，还可以释放员工的潜在能量。结果是绝对惊人的。”
>
> 詹·卡尔森，北欧航空公司（SAS）前总裁

如果从微观角度来看待宏观管理，任何企业都必须考虑客户与公司在面对面接触的关键时刻中存在的潜在障碍；考虑每一个可能的障碍，并确保所有的关键时刻都能被积极透彻地理解和记住。

一位水利局的主管在下班后呼叫了自己的公司，想看看会发生什么。互动语音应答系统（IVR）提示他选择：按“1”客户服务；按“2”缴费；按“3”业务变更；按“4”报修故障。然而令他惊讶的是，无论按什么号码键，语音系统都会进入“非工作时间故障”小组。

于是，第二天最主要的任务就是更改系统，非工作时间的电话可以立刻转入报修故障小组——简简单单的一步就可以把消极的关键时刻变得积极。

因此，每个关键时刻都有自己的首因，有冯·雷斯托夫效应，有形成近因的特点，以及进入下一个关键时刻的首因之前发散的联想。

如果事态发展越来越差——首因令人不快，冯·雷斯托夫效应难堪且令人沮丧，近因印象差……随着这一系列消极关键时刻不断出现，客户的愤怒、紧张和沮丧情绪也会随之加剧，他们提不起任何兴趣，对你（作为负责人）以及服务机构的反感也随之增长。

因此，你需要确保每个首因都令人愉快；每个冯·雷斯托夫效应都良好、有益、热情、有效、鼓舞人心；随着客户进入下一个关键时刻，此前的体验会带来闪光的联想；随着体验不断深入，确保客户的快乐感增加，紧张情绪减少，而对你、产品和服务机构的态度则越来越积极。

这些原理适用于所有有形的或无形的接触。正如公司的网站就像一座无形的“大厦”一样，呼叫中心和产品或服务本身也应如此，都需要运用同样的原理。

确保你的客户、同事和朋友经历的所有关键时刻都是记忆导图积极的浓缩精髓。

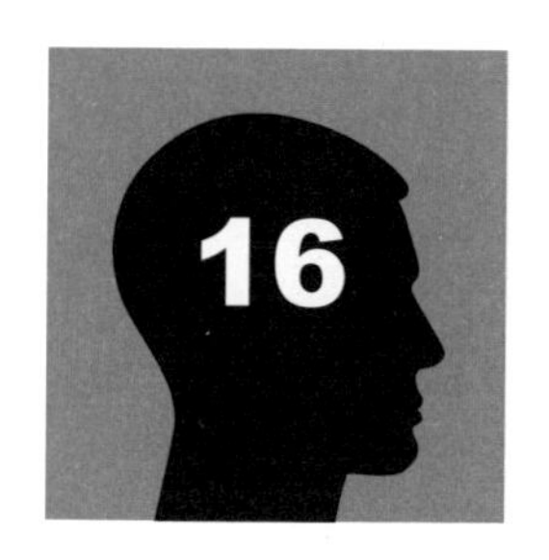

第 16 章
创造一种丰富多彩、值得回味的生活

假如生活是一幅巨大的图表，你的图表是“一马平川”还是“连绵不绝的山脉”？你生活中的“喜马拉雅山”——巅峰的首因，还有冯·雷斯托夫效应，都静静地存在于这幅图表中。你知道吗？利用记忆导图可以做许多事情，使你的生活令人难忘、丰富多彩、活力四射，充满了人生经历中的亮点和高峰。

老年人记忆衰退是众所周知的。然而，有一样东西他们记得特别牢固——“过去的美好时光”！

同时，他们也记得最近所发生事件的种种细节，比如你还没有缝好衬衫上的纽扣，诸如此类都被认为是伴随衰老过程的“天然”怪癖，并且得到大家善意的理解和宽宥。

然而，这简直是胡说八道！

我们所看到的不过是记忆导图完美运作的结果。

让我们用记忆导图的视角来观察平常人的日常生活，以此验证为什么这个看起来很明显的矛盾结论是真实存在的。

当处于青少年或二十多岁的年轻人阶段时，生活于我们而言充满了首因和冯·雷斯托夫效应：第一所学校；第一位老师；第一个好朋友；第一次冒险；第一次到访新的地方；第一次接触广泛的新科目，包括科学、文学、语言、历史、地理、艺术、音乐等；第一个喜欢的游戏；第一部钟爱的电影；伟大的初恋和浪漫的经历，等等。

生活充满了第一次，诸如新的亮点、新的事件及不断增长的知识和联想网络，甚至包括所有的理解和误解。与此同时，毕业、离校、离家等重要的大事件也开始逐一出现。

一般来讲，从 16 岁至 22 岁，生命会发生重大的转型（也很有可能是终极转型）。这通常被总结为“我完成了学业并开始安定下来”。

完成学业？

开始安定下来？

为什么不是“我开始了终身学习的下一个重大阶段，并不断向前发展”？

通常情况下的不幸就是如此。完成正规教育后，一般人一辈子平均只学一门新学科，每年平均读一本新书（其中 80% 在读完后的 24 小时内被遗忘），不学习其他任何语言。大部分人安定于一个比较常规的生活模式中，同一条路线到同一个办公室再到同一张桌子，日复一日地完成类似的任务。

许多人在每周的固定时间吃固定的食物，周末去同一个俱乐部、同一个餐馆、同一个酒吧或同一位朋友的房子，并选择他们最喜欢的地方，每年与朋友们一起去度假。这种可预测的生活虽然轻松舒缓，但最终只能一直单调地继续下去。随着身体活动的减少，行为习惯的增加，这些人慢慢步入老年——不活跃和久坐的年龄阶段。

现在，让我们从一生的尺度上看一下记忆导图的表现——学习期间回忆图。

假设整张图是一幅完整的生活图景。想象一下，该图是你从以前到现在一路走过的风景，而此刻的你正站在某一点回头望（回顾）。

所有的大山脉都在哪里？你生活中的“喜马拉雅山”在哪儿？喜马拉雅山——巅峰的首因，还有冯·雷斯托夫效应，都远远地存在于过去里。

然而，从高耸的山脉到现如今可谓“一马平川”——除了婚姻、孩子的出生、亲人的死亡和偶尔的全球灾难等大事件，其他都是平淡的日常。

这就是你的生活大电影。

想象一下，如果你被限制了自由，房间里只有一个大电视屏幕、一张椅子、几百张 DVD 作为唯一的娱乐。

你会不假思索地做什么？你会先观看那些喜欢的，即能给你带来最大刺激和娱乐的电影。之后你会从这些喜欢的电影中再次筛选出少数最喜欢的，然后再次观看，一次，又一次，将其作为唯一的娱乐方式来保持自己精神状态和想象力的活跃。

我的朋友们，这些都是“美好的旧时光”，这就是为什么越来越多的人只记得住它们——这些记忆导图投射到现实生活中的分界线。

衬衫上的那粒纽扣？在孤单、寂寞和沉寂的日子里，你对父母的一次简单拜访就是一个冯·雷斯托夫事件——这是一个能涌现愉悦联想和记忆的事件，提醒他们爱以及被爱，纽扣就是信号指示，让他们可以表达对你的担心与关爱。

随着年龄的增长，记忆力会自然下降吗？并非如此，记忆能屏蔽“平常生活”中的许许多多“阴霾”，以保护它的主人。

16.1　让记忆导图拯救你

既然你已经知道了这些原则，就可以利用它们做许多事情，从而使你的生活令人难忘、丰富多彩、活力四射，让人生经历中充满亮点和高峰。

你也可以利用这些原则来让你年迈的父母更加长寿，让他们的晚年生活变得更有趣、更精彩。

创造值得回味的生活的秘诀是：

1. 记住每一次离开学校，都是你终身学习的开始。

2. 永远不停地向前发展！

3. 尝试不同的上班路线，使用不同的交通方式——轿车、公交、地铁、自行车或步行。

4. 每年至少学习一个新科目。这将作为“记忆标注”帮助你界定生活中的每一年。每年学习一个科目能扩大你的联想网络，赋予你记忆库中的信息更多关联性和稳定性，扩大人际网络的同时，让你的头脑“自给自足”并轻松享受乐趣。

5. 开始你的“梦想兴趣”，无论是演奏乐器、学习绘画、学习语言还是业余戏剧。这会给你的生活增加一个大大的冯 · 雷斯托夫事件，并且继续提供新的冯 · 雷斯托夫效应和联想。

6. 承认在职业生涯中可能会从事多种职业，无论是现实所迫或自由选择，请你欣然接受改变并让每一次工作都变得值得回忆。

7. 给“要做的事情、要去的地方”设定目标。

8. 对知识世界和地球的探索将会刺激你的感官，与你持续的终身学习产生各方面联系，让你身心保持活跃，并且在你的生活旅途中添加更多“记忆标注”。

9. 每年年底回顾（使用思维导图）这一年的首因、近因、冯·雷斯托夫事件和新的联想，利用它们作为未来一年短期、中期和长期记忆导图计划的助力。

10. 探索不同的食物和菜系。

11. 保持越来越具开放性的头脑（因为万事万物相互联系）。

> "掌控自己生活的最大回报是获得更多自由去做自己喜欢的事情。"
>
> 阿兰·拉金（Alan Lakein），《如何掌控自己的时间和生活》作者

为什么不去尝试一个持续30天的挑战呢？

> "当我实践30天挑战时，我学到了几件事。第一，时间过得更加难忘，而不是几个月飞逝而过，却什么都不记得。我所尝试的其中一项挑战就是在这个月的每一天都拍一张照片。我清楚地记得每一天在什么地方做了什么事情。"
>
> 马特·卡茨（Matt Cutts），谷歌Webspam团队负责人

请在下方空白处写下你期待去做的事情：

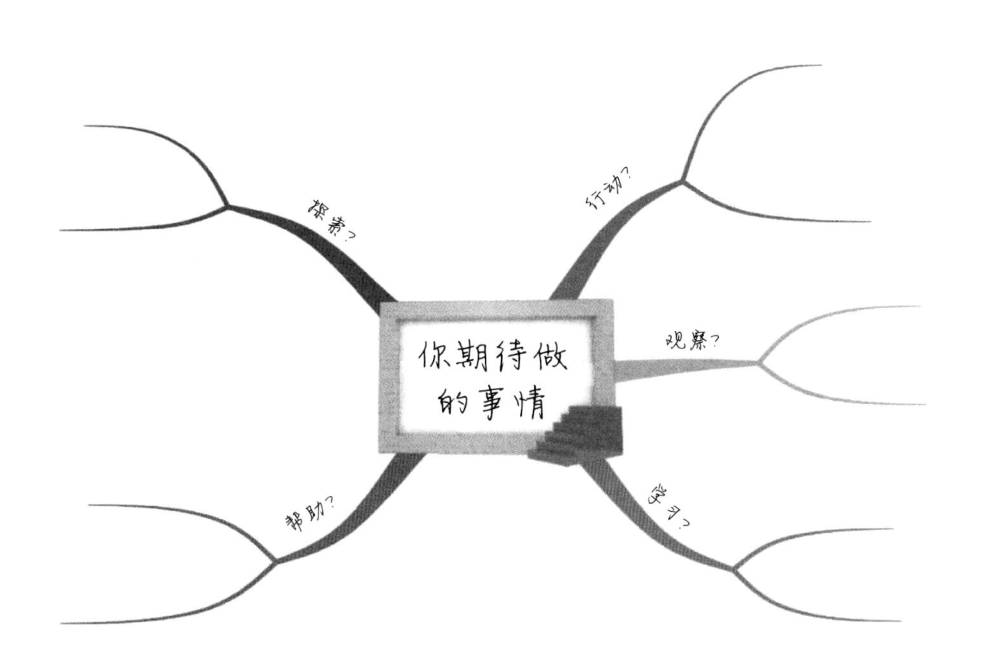
你期待做的事情
探索?
行动?
观察?
学习?
帮助?

第 17 章

成功有效的沟通

本章中，让我们一起来看看记忆导图所包含的元素，以及如何将其应用到所有沟通中。所有的沟通都基于大脑创建，所有的演示都指向单一目标——其他大脑！因此，了解大脑尤其是记忆运作的规律，将会帮助我们创建其他大脑更易于接受的沟通方式。

我在全球各地开展演讲长达四五十年，一直以来，很多人都以为我在演示技巧方面接受过大量专业课程的培训，包括表现技巧和神经语言程序等。

事实上，我的沟通、写作和演示生涯都始于我作为一名讲师给学生上课的时候。当我意识到自己关于学习回忆和记忆的教学方式实际上是在加快学生们忘记我所说的一切时，这就产生了一个根本问题：我的目标是什么？每个人的沟通目标又是什么？

显然，沟通目标是让观众记住、理解和享受演示，抓住和保持他们的兴趣，提供宝贵的信息，让他们在演示结束后可以将所学的理论应用到生活中。

于是，我想到了记忆导图，意识到它能给予我真正需要了解的关于沟通的一切。如果我遵循导图的原理并将其应用到沟通目标中，我的演讲就能实现同样的目标。

同时我还发现，传统的、人们习以为常的准备演示的方式，如拟写演讲稿等，完全与导图原理背道而驰。

让我们一起来看看记忆导图所包含的元素，以及如何将其应用到所有沟通中，特别是演示。我们首先要认识到，所有演示都是基于大脑创建的，所有的演示都指向单一目标——其他大脑！因此，了解大脑尤其是记忆运作的规律，将会帮助我们的大脑创建更易为其他大脑接受的沟通方式。

重点是确保演讲者和观众的大脑保持步调一致。

传统的线性提纲不符合导图法则：它没有任何突出的信息，信息之间几乎没有关联，同时，单调的演示也容易使大脑感觉无聊，导致注意力不集中。

"演示通常是无效的，不是因为演示者缺乏智慧或创造力，而是因为他们染上了不良习惯，缺乏关于（什么能或不能）做出精彩演示的意识和知识。"

加尔·雷诺兹（Garr Reynolds），《演说之禅》作者

让我们按照图表排列依次看一下记忆导图的原理。首先是舞台布置，即演讲者所处的空间。

17.1 舞台布置

在开始正式演示之前，你和观众之间的沟通就已经全面展开了。因为，你所布置的演讲空间对观众来说就是一个欢迎时刻。这是一个关键时刻，它在本质上是一种首因效应。

想想你所在的教室、讲堂或会议室，并检查它们的环境质量。

从我自己的经验及对客户的调查中，我发现：大多数房间过于空荡；自然光线不充足；很少或根本没有绿植、鲜花以及其他生物；格局单调；空调效果不佳；给演讲者提供的空间相对狭窄；演讲者用的提示工具通常只是横线便签笔记本和非常廉价的铅笔或圆珠笔。

所有这一切，正如你所了解的，与记忆导图的原理截然相反。

然而，与演讲的所有其他方面一样，硬件设置必须遵守导图的原理。你需要确保它完全满足你与观众的需求——确实是吸引人的，具有适当的视听辅助以及照明，足以让你们进行互动和沟通，并且辅助工具要有足够的清晰度和可读性。

> “给你的大脑这样大型的生物计算机仅提供一支廉价的黑水笔和几张横线笔记纸，就像给宇航员一个扫帚，然后对他说‘到月球去吧’。”
>
> 东尼·博赞，世界大脑先生，思维导图发明人

17.2 出场介绍

确保你可以掌控自己如何被介绍给观众。这很重要，因为它是另一个首因时刻。当你被别人介绍时，最好的方法就是纳入记忆导图原理，让他们运用思维导图的方式介绍你，并提前印制思维导图副本，作为发言稿的一部分分发给观众。这样，观众才能更加直观地了解你。思维导图应该侧重于你将为在座的观众带来什么价值，而不是毫不相关的个人信息。

17.3 首因效应

首因效应确认了人类大脑更容易记住学习初期的信息。因此你的讲课或者演示开始的时刻，就是另一个首因。你应牢记在心，你的目标是让观众记住、理解和享受你的演示，那么，关键就在于首因效应要有影响力。因此，在演示开场时，必须要抓住观众的心，传递演讲的关键元素，以清晰有力、丰富多彩、引人入胜的方式提供关键词、意象和观点（见图 17-1）。

换言之，你的开场需要“砰”的一声！

那么很明显，以告知洗手间的位置开场并不是一个明智的做法，这完全可以通过印刷成“参会须知”的方式分发给在场观众，或者在讲座非重要时刻进行提示。

首因效应可以理解为沟通的起点，它能为整场演示奠定好的基础。

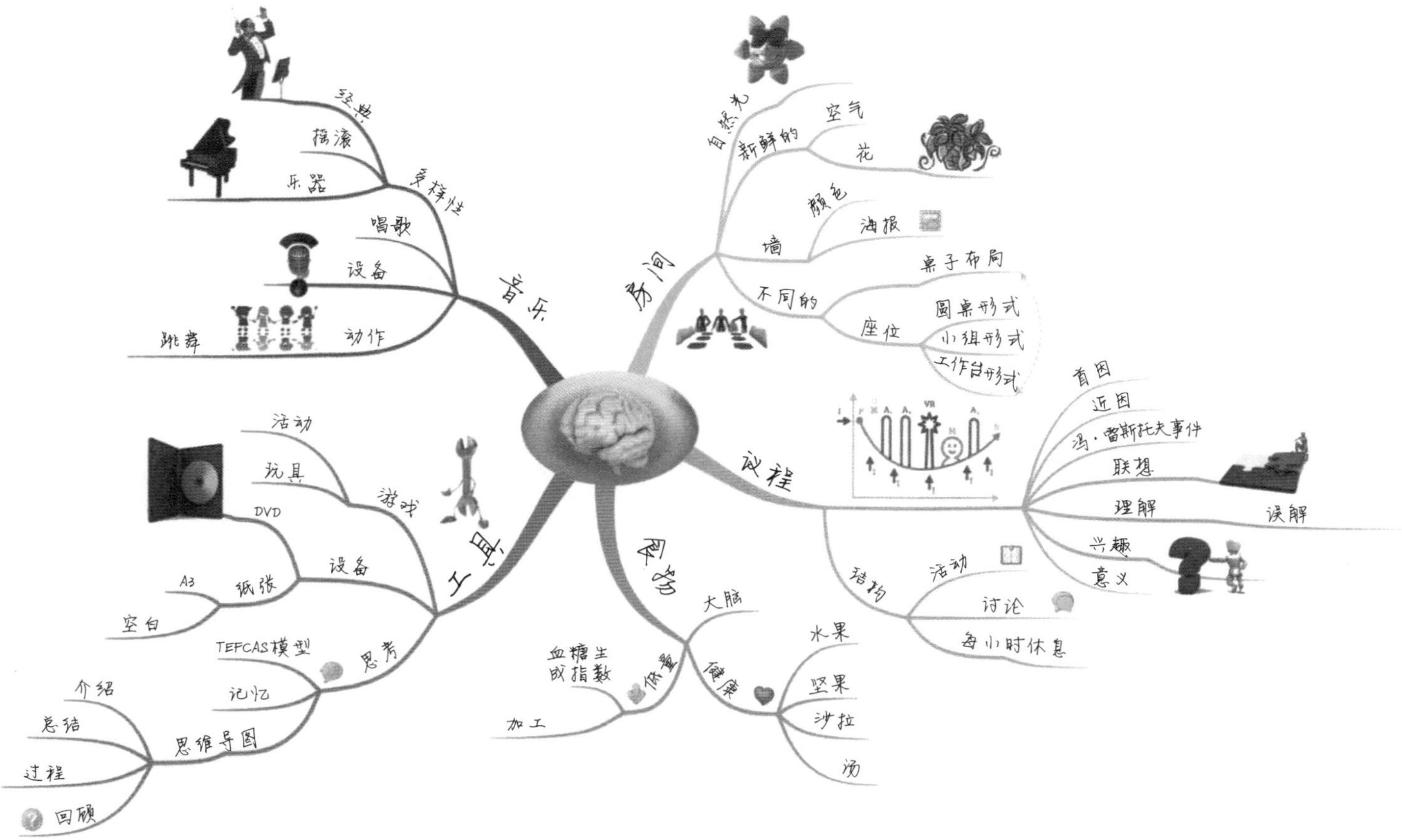

图 17–1　一场成功的演示应该如何布置舞台

17.4 近因效应

再次，近因效应是指个体大脑能更多地回忆近期说过的事情。

近因效应是首因效应的镜像，这使你很容易设计近因。完全按照设计首因的相同方式，可以确保其强大而有影响力。

近因效应的另一个重点是确保在总结中囊括对未来的建议和应用。因此，在演讲结束时，请确保能罗列出基本的主要观点。同时，更理想的情况是，确保观众们在离开时能记住这些观点。

规划演示的好方法是画出关键元素（见图 17-2）。什么是首因？什么是近因？什么是冯·雷斯托夫事件？关键联想是什么？

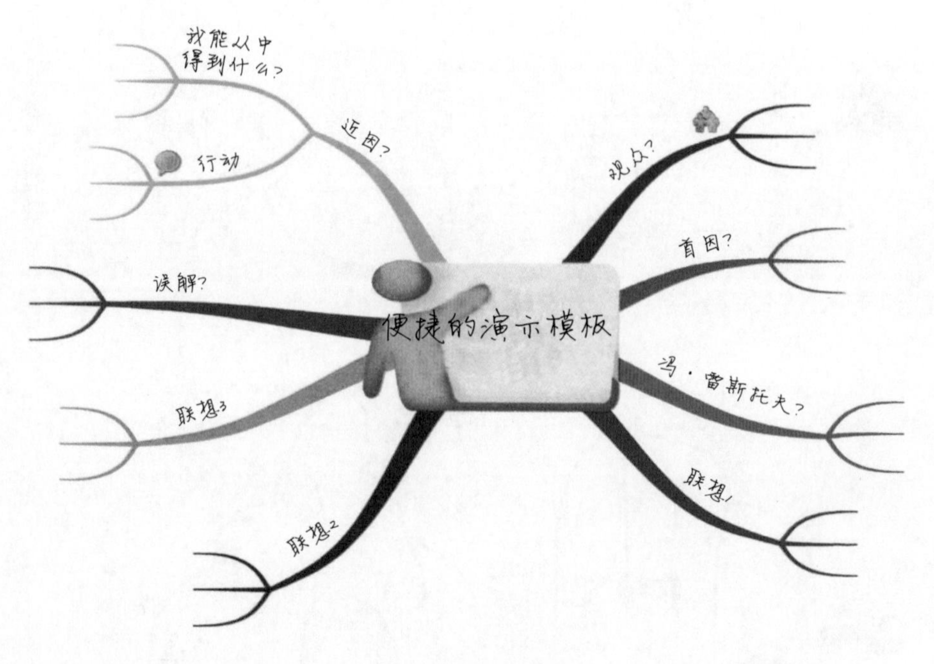

图 17-2　画出关键元素

17.5 冯·雷斯托夫效应

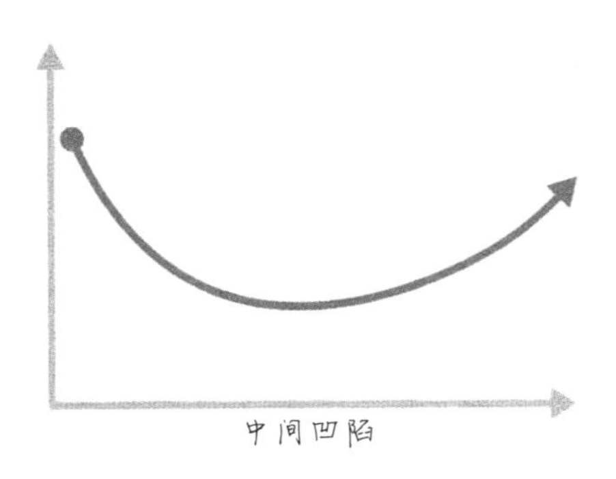

你现在知道了，无论你是一个多么优秀的演讲者，在演示过程中，观众的大脑回忆肯定会自动出现凹陷或下降。

记忆导图可以帮你克服这个凹陷吗？

当然可以了！

想想冯·雷斯托夫效应的含义。这意味着无论处于哪个学习阶段，大脑都会记住突出的事情。所以，你要做的就是思考演讲中所包含的内容，使你的观点更加出色。

能想到的直接答案如下：

- 使用图片。顾名思义，这是突出的、具有巨大视觉冲击力，可以取代大量文字描述的方式。正如知名格言所述，“一张图片胜过千言万语”。保证图片占据整个演示文稿以产生最大的影响。

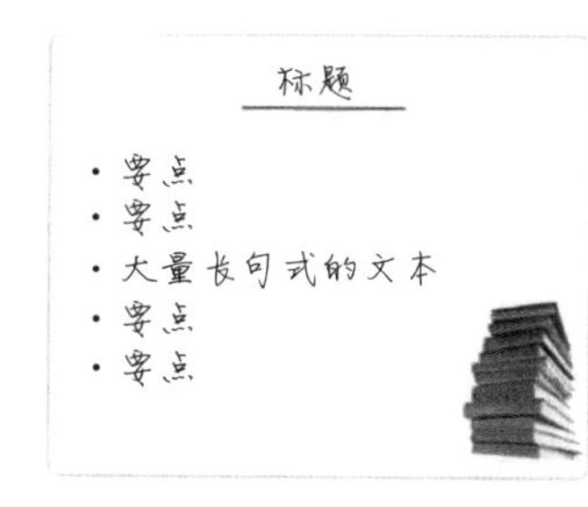

非常糟糕的演示文稿

记忆导图最佳实践

- 使用颜色。颜色不仅能激发兴趣，还会从视觉神经上刺激观众更多的大脑细胞。
- 研究话题。找到一个与主题、行业、观众相关的，相对神秘且非常有趣的事实、数字、陈述、引用。
- 改变声音的节奏。
- 改变声音的力度和音量。
- 用声音和道具强调要点。
- 播放有趣的或者幽默的视频，但是不超过 1 分钟（学会下载并嵌入演示文稿）。在我的演示中，最吸引人眼球的视频是“活动的脑细胞”。
- 使用肢体语言和手势强调关键点。
- 包含整合与论证要点的练习、活动。
- 个体、小组和大组活动。记住“说教不是教学”——让参与者通过小组讨论和个体练习自己探索关键点。
- 练习时配上背景音乐。
- 所有优秀的演讲者都使用故事和寓言。它们比不连贯的事实更容易被记住。故事是想象和联想，这是所有记忆系统的两大关键；故事是记忆系统，可以帮助你确保观众记住你所说的话。任何故事，都要确保它与观众有关，并以关键点结尾。如果你的演讲包括许多故事，那么最好分散要点的排列，例如故事、要点、故事、要点、故事、要点。
- 你还可以使用电影、引言、例子、原型，当然，还有必不可少的休息！

通过应用冯·雷斯托夫效应，你可以同时实现多个目标。你会自然而然向人们的大脑灌入兴趣和信息，从而增加他们的记忆和学习能力。此外，通过使用颜色和图像，你的演示文稿也将变得更加有趣，更具煽动性，更具有吸引力！

17.6　联想

许多演示把联想应用得极好，却因为缺乏关联而失败！

也许你会说，这怎么可能呢？

这完全可能！因为演示者对这个话题非常热衷，编织了与主题相关的精彩结构，一切又都与精彩的结构本身产生关联，并最终成为一个独立的结构。

然而，这其中缺失了一个联想，也是最重要的联想：观众与正在呈现的材料之间的关联。

在准备和进行演示时，你必须首先考虑观众，考虑主题及其关联如何联结到他们。能满足他们的要求吗？能否回答“对我有什么好处”这样的问题？

因此，作为记忆导图的学生、门徒以及大使，我们必须在演示之前彻底研究我们的观众。

联想在演示文稿中扮演着许多其他角色。在凹陷期间，联想能帮助提升下陷的回忆曲线。材料本身以及材料与观众之间的联想将“提高”曲线，提升回忆水平。

那么，怎样在你的演示中运用联想呢？

关于冯·雷斯托夫效应和想象，有很多技巧可以运用，从而将材料与观众产生联系，如颜色编码、标识、线条、箭头、空白、尺寸、维度等。

小组讨论至关重要，所有的参与分享都会成为联想的一部分。在演示文稿中，需要尽可能多地使用冯·雷斯托夫效应。你需要颜色、图像、联想、代码等吸引注意力的东西来提高观众的兴趣。理想状态下，你的文稿还应该有动态演示，这是非常有效地吸引注意力的方式。

例如，我的合作伙伴詹妮弗在做演示的时候，使用平板电脑“写”出思维导图，让观众同步看到导图绘制的整个过程。这个过程把观众的注意力聚集在一起，并提供了一个冯·雷斯托夫事件，让人们记住了她的演示。

参加小组、中组和大组练习是每个观众将你所呈现的想法与自己的生活、应用和实践相关联的过程。所以组队练习就是一种关联。小组里的某个或多个成员经常可以为这种组队讨论提供重要的信息，从而可以产生更多的冯·雷斯托夫效应。

当然，最终展示联想、增加学习和回忆概率的方法是在演示和给观众提供笔记内容时结合冯·雷斯托夫效应与联想技巧。

想一想，你会怎么做？

17.7 兴趣

我们知道，兴趣可以提升对整个学习期间的回忆。因此，激发和维持观众的兴趣非常重要，要在演示结束时让观众的兴趣达到最高点，并且呈现继续上升的趋势。

你现在意识到，之前的所有一切都是精心设计，都是为了准确实现这一目标。

告诉观众接下来要讲的内容——换言之，从首因效应开始，告诉他们；然后在中间的过程建立联想；最后以近因结束，再次点明已讲的内容。

> “一个优秀的领导者在沟通上所花的时间比在其他任何事情上都要多。”
>
> 詹·卡尔森，北欧航空公司前总裁

信息时代给我们提供了许多美好的东西，包括电视、电脑和网络，但它也带来了导致人类有史以来最大压力的罪魁祸首——信息超载。此外，它还带来了“夺命幻灯片”式的“愉悦”。

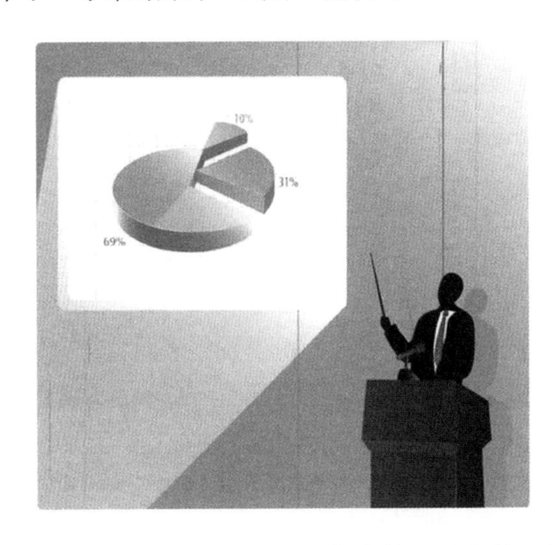

当正确使用幻灯片时，它是一种非常有效且强大的工具。但是，人们必须警惕掉入滥用幻灯片的陷阱。“夺命幻灯片”是指一个不懂记忆导图原理、仅具备信息技术相关能力的人，制作的每张幻灯片只是呈现单调乏味的几百个文字或数字。这些没有首因、近因、冯·雷斯托夫效应或联想的信息组合，只会让观众无聊、犯困甚至“死掉”。

在演讲技巧的授课中，讲师会在为期两天的课程结束时告诉你：“如果你只能记住这个课程的某一点，那请记住这一点——介绍你要说的内容，说出来，并重复回顾。”换言之，以首因效应开始，开发冯·雷斯托夫交效应和联想，以近因效应结束！

17.8 演示

> “沟通是生活中最重要的技能。”
>
> 史蒂芬·柯维，《高效能人士的七个习惯》作者

以下故事是一个完美的例证，既幽默又可悲，充分说明了为什么在演示时不要使用完全准备好的稿子。

现在，我带你来到纽约，这是一个大酒店的宴会厅，正在召开一次年度大会。

大会共有 2000 名代表出席，他们挤在一个大型宴会厅里；会议将持续 5 天，有 74 位嘉宾需要上台发言。

几乎每位演示者都以同样的方式发言。他们花了几天甚至几周的时间准备发言稿，间或使用幻灯片来说明他们所要阐述的要点。

每位嘉宾都站在巨大的讲台后面，观众只能看到他们的脑袋和肩膀，偶尔看到从讲台两侧微微抬起的双手。

他们按部就班地念着准备好的稿子，手时不时指向屏幕，上面主要是大量的单词或说明性的列表和数字图表。大多数情况下，如果屏幕上呈现文字，演示者都会将它们读出来。这对与会代表非常有帮助，因为

字太小，除了坐在前排的人能看清之外，其他人很可能看不清楚。

这样的过程持续了 5 天。

最后一天，在第 72 位嘉宾完成演示之后，大多数会员脑中已被“夺命幻灯片”填满，这时，午餐的庆功宴开始了。

它包括一杯午餐前的马提尼酒，一份白葡萄酒搭配奶油酱开胃菜鱼，一份带土豆泥的 T 形骨牛排，配有红葡萄酒的蔬菜和肉汁，配以甜点酒的草莓脆饼和冰淇淋，以及配有威士忌或波尔图葡萄酒的奶酪。

在这场颓废的两个小时的盛宴之后，代表们重新开始准备聆听最后两场发言。别忘了现在是夏天，酒店的空调制冷效果却并不理想，再加上 2000 名代表散发出的热量，宴会厅的温度一下子上升至 80 多华氏度（约 28 摄氏度）。

第 73 位演示者在最终的“晚班”中发言，简直完美地诠释了充分准备演讲稿的“危险性”和“致命性”。他的声音单调,幻灯片过于细致，同之前最糟糕的发言者一样，几乎是读完了一张张幻灯片。

在前 10 分钟内，有代表已经开始打盹；20 分钟后，有一名代表差点从椅子上掉下来。

随着演示不断进行，代表们一个个进入自己的白日梦和睡眠世界，即将在这位演示者身上发生的是所有演示者都害怕的，并且是演示者最糟糕的噩梦。

你有没有经历过这种突然的震惊——如此突然、如此震惊，你事实上都忘了自己身处何地？这就是我们的演示者在午餐后突发的状况。

他讲着讲着，突然僵硬地叫了出来，“哦，我的上帝！最后一页不见了！”确实如此。他紧张、匆忙地从酒店桌子上拿起笔记时，忽略了落在桌子上的最后一页。这就是他演示的收尾！

他是73位发言嘉宾中唯一差点让听众起立致敬的嘉宾！他的演示是如此糟糕——事先安排好的线性演讲，没有遵循记忆导图的任何原理，包含了一场演示中所有可能出现的失败元素。

他也是本次会议中所有错误的冯·雷斯托夫事件之一！

第 18 章

彻底毁灭近因效应（运动生涯和生活的方方面面）

许多卓越的运动员、CEO和企业家，如果能够掌握记忆导图的含义，就能够更加成功地掌控他们的人生和战绩。

正如记忆导图所说，全世界将记住你最后一次表演，你职业生涯的最后一年或几年，以及最后一次人们在竞技运动中看到的你。这不仅适用于你活着的时候，还可能会在人类的记忆中永存。

一个伟大的战士达到了人生的巅峰，然后作为“竞技顶端”的冠军退役了。此刻，他建立了一个无比深刻的近因效应，如果没有其他干涉，他正在创造关于他生活与成就的一个纯洁、耀眼、不朽的世界冠军形象。

然而，因为迫切渴望重回焦点，又或者需要继续证明自己，这位退役冠军决定重新复出。他没有意识到，做出这样的决定，正在严重危及自己花费心血建立的杰出的近因。他没有意识到，为了短暂的光辉他即将牺牲历史的荣耀。

他的技能减退，成绩下降，这个全新的首因取代了以前杰出的近因。持续下降和失败的曲线，重建了一个全新的、下滑的，被摧折得如同失败者一样的近因。

从身边教练、朋友以及记忆导图中学到的教训是深刻而又清晰的：

1. 如果你从事体育运动，确保非常仔细、准确地规划退役时间。

2. 如果你从事别的竞争领域，包括思维运动、商业和政治，在做出绝对决定之前，请考虑你的形象，并始终考虑近因效应的影响。

3. 如果你确实打算退役，请确保有完整的计划，以完美度过最后的几年；确保抵制诱惑，避免不知不觉间摧毁你的近因，从而加强你期望的最终印象。

18.1　何时退役

通常，运动界中聪明的长者会奉劝上升期的年轻运动员在巅峰时刻退役，也就是说，一个运动员应该在自己的冯·雷斯托夫时刻退役。

你退役的时候需要考虑诸多事情：健康、家庭、未来、目前体育运动给你带来的乐趣，以及你的形象。

人们对你的印象是你的财富，因此你需要考虑你的成就、职业生涯的高峰、以往成绩的统计数据以及如果复出对数据带来的影响。如果你决定在巅峰期退役，那么你就是在职业生涯的冯·雷斯托夫时刻退出，再加上近因效应，那就是人们对你的记忆。

史蒂芬·雷德格雷夫爵士（Sir Steven Redgrave）在这方面可以说是一个深思熟虑的人，他是大多数人所认为的史上最伟大的奥运会冠军，我也很自豪有这样一位朋友。史蒂芬是赛艇项目连续五届奥运会金牌得主，以其令人难以置信的奉献、实践、投入和视野而闻名。

当史蒂芬在亚特兰大拿下第四块金牌时，他精疲力竭地站在领奖台上，然后说了一句足可载入史册的话："如果任何人再次见到我参赛，你们有权利杀死我。"他决定这样做，他退役了。

但之前没有人在类似赛艇这样要求耐力、力量和灵活性的比赛中连续五次赢得过金牌……这是一个悬挂的胡萝卜，挑衅和诱惑着让史蒂芬再一次回归。每个人都鼓励他再试试，他只是回答："不参加，我再考虑一下吧。"

他好好想了一下。仔细考虑后得出结论，他是有可能达成这一目标的。换句话说，史蒂芬决定把自己的目标定为奥运史最伟大的选手。

他可以选择任何他想要的比赛形式："单人组""双人组"（获得过三枚奥运会金牌）、"四人组"（获得过一枚奥运会金牌），或者"八人组"……

他先排除了"单人组"，因为这项比赛风险高，风向的影响大小取决于你所处的赛道。

他也排除了"八人组"，因为这意味着他要依赖另外七个人，而自己所占的比重会下降。

所以只剩下"双人组"或"四人组"了。大家都认为他会选择"双人组"，因为在此项目上他曾获得过三枚金牌。他的搭档是马修·平森特爵士，他们一起获得过两枚金牌，后者也达到了个人赛艇职业生涯的巅峰。史蒂芬·雷德格雷夫和马修·平森特的双人组合是不可战胜的，这似乎就像"一双合脚的鞋"。

"四人组"风险过高，每个人都在提醒他。每个国家的参赛选手在水平上基本"并驾齐驱"，因此比赛会艰难得多。

但史蒂芬出乎大家意料地选择了"四人组"，我问他"为什么"。

他说："如果我和马修·平森特一起去双人组，那么世界上的每个赛艇教练都会把我们视为头号竞争对手，他们会花四年时间为双人组培养最好的桨手。而如果在四人组的话，大家会觉得有六个组旗鼓相当，每个组都有机会争夺金牌。

如果有六个水平相当的小组竞争金牌，那么它们之中就没有真正的赢家。我在哪个组，哪个组就是获胜组。因此，四人组竞争不是很激烈，这在一个相对非冠军级的水平上互相较量竞争力。"

于是，他决定和马修·平森特一起去"四人组"，并选择了另外两名顶级的英国桨手作为搭档。

在 2000 年悉尼奥运会的筹备过程中，史蒂芬发现自己患有非常严重的糖尿病。糖尿病是一种消耗体力和精力的疾病，大多数人会因此而放弃比赛。但史蒂芬决定坚持下去。

> “医生们告诉我，我必须学会与糖尿病共存；我告诉他们，糖尿病必须学会与我共存。”
>
> 史蒂芬·雷德格雷夫，赛艇项目五届奥运金牌得主

他对英国教练说，他想要留在船上，只是因为自己足够优秀——不是为了历史，不是为了同情，也不是因为他的状况——只是因为他足够优秀。

在悉尼的决赛中，在前 500 米的赛程中，他和队员们遥遥领先了一段距离，表现非常出色。他对其他队员说：“我们做到了！”他们引领了整个比赛。虽然意大利人在最后一刻发起了挑战，但史蒂芬和队员们在终点击败了对手，他也因此成为迄今世界上耐力、力量和灵活性最佳的运动员。

比赛结束后，有人问他，在最后 200 码（英美制长度单位，1 码等于 0.914 米）处被意大利人赶超时内心是否焦灼。史蒂夫回答道：“是的，

痛苦得就像死亡来临，但后来我想到了‘死亡还是永生’，我选择追求永生！”

至此，史蒂芬为有史以来最伟大的奥运生涯画上了完美的句号。

18.2 为“近因效应”制订计划

要想成为世界冠军或金牌得主，你需要一个清晰的愿景和一份合理的计划，这样才有可能从现在的位置走到世界第一的位置。

在你的计划中，需要用到记忆导图。你需要考虑你职业生涯中想要的亮点，或者冯·雷斯托夫时刻。你想参加哪些比赛？你想要拿下什么奖项？你想用多长时间来实现？等等。

最伟大的人一早就知道他们想要成为怎样的人，所以他们设定了目标去实现。但即使是像穆罕默德·阿里这样的人，原本有可能因为了解“近因效应”而受益。想象一下，如果阿里在1974年与乔治·福尔曼的“丛林之战”（Rumble in the Jungle）后退役，他会被认为是世界上最伟大的拳坛斗士之一，这也将成为历史上最伟大的一场大逆转之战。

他原本会有一个很好的冯·雷斯托夫时刻，而不是陷入困境，因为反应的下降而被打得很惨。如果他知道近因效应，并在一个不可思议的高点退出，那将是非常美好的结局。

18.3 退役之后

即便你的运动生涯结束了，无论是自主选择还是因伤退出，这都不意味着你的生活已经结束，计划退役后的生活也同样重要。退役可能是一项体育运动的近因，但它并不是生活的近因，你还有很多其他机会，比如参与教练、媒体、评论的工作或获取大学学位。

运动生涯的近因应该成为一个运动员开启退役后新生活的跳板。最好的例子之一是塞巴斯蒂安·科（Sebastian Coe），他曾是奥运会田径比赛两枚金牌得主，在中长跑领域占据了主导地位。退役后，他把自己从成功的体育事业中获得的知识都带到了国会中，成为一名保守党议员。他的身体非常健康，甚至和威廉·黑格（英国前外交大臣）一起上柔道课。

在职业生涯获得成功之后，他开始为运动员的健康和竞技比赛奔走，并成为英国申办2012年伦敦奥运会的领导人。史蒂芬·雷德格雷夫为伦敦赢得了申办权，在管理奥运会的筹备工作方面业绩尤其突出。

另一位体育界人士，伊姆兰·汗（Imran Khan），可以说是巴基斯坦最成功的板球队长，从事国际板球运动20年，之后成为政治活动家、慈善家、板球评论员、布拉德福德大学名誉校长，以及Shaukat Khanum肿瘤医院和研究中心的创始人及主席。他的新政治运动正在积聚力量，其中包括许多以人为本的目标——正义、人道和自尊。

最后，当然也是非常重要的，史蒂芬·雷德格雷夫先生在退役后被封为爵士，并由此开启了一份忙碌的事业。他领导慈善机构帮助人们，尤其是那些处于弱势地位无所依靠的人们。他在英国和世界各地都成了为人熟知的慈善人物和政治家。

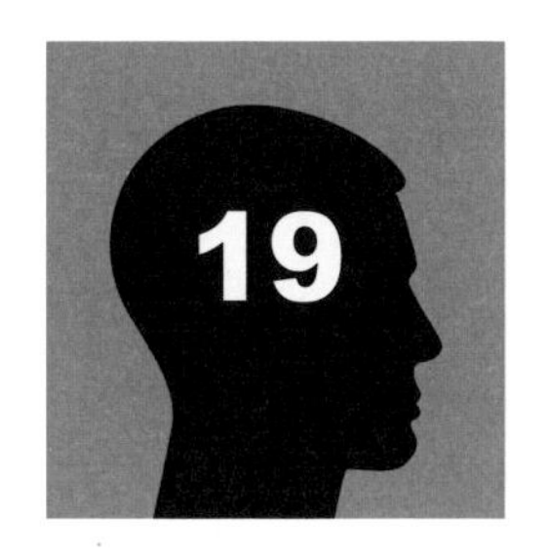

第 19 章
远离马尾藻海：21 世纪的营销、公关和销售

本章告诉你，利用记忆导图创建营销信息至关重要：创建出真正独特、清晰、突出、一致、诱人、与众不同、值得记忆的营销信息，从而与“马尾藻海”划清界限。

> “由于表层洋流，在北大西洋中部的马尾藻海，聚集了大量不可生物降解的塑料垃圾。就像‘太平洋垃圾带’一样，塑料可以在大西洋的这片海域循环多年，对那些不小心吃了垃圾的鱼类、海洋生物造成健康危机。”
>
> 约翰·卡西米尔（John Casimir），《格伦转移》作者

营销、公关和广告就像现在的马尾藻海，无数的垃圾泛滥成灾。广告统计数据所提供的数字各不相同，但我们可以大致推测，每天接触到的商业信息大约有 3500 条。[①] 我们被广告牌、各种宣传信息、电视广播广告、杂志及报纸印刷广告、网络广告等淹没，而这大部分都是垃圾。

作为个体、小企业主、慈善机构或组织，如果需要市场营销、公关和销售，你就必须将自己与垃圾堆区分开来——将自己与“马尾藻海”划清界限。

你可以通过应用记忆导图实现这一点。

---

① 欧文·吉布森（Owen Gibson），《购物者对那些擦肩而过的广告的态度》，载《卫报》，2005 年 11 月 19 日刊，http://www.guardian.co.uk/media/2005/now/19/advertising.marketingandpr。

“广告现在是如此之多，以致它们常常被忽略，因此(已经)变得有必要通过华丽的承诺和夸大其词来吸引人们的注意，而这有时是崇高的，有时是可悲的。”

塞缪尔·约翰逊(Samuel Johnson)博士

《英语词典》作者，1759

19.1 现代营销和记忆导图

市场营销的重点是定位差异化的价值主张，以创造可持续的竞争优势。它是通过脑对脑以及脑对身体的双向交流来实现的。

现代营销在当今充斥着垃圾邮件以及业余、误导和错误信息的环境中挣扎。它创造了自己的“马尾藻海”——一个收益递减的海洋，急剧扩散垃圾的海洋。

在这种环境下，创建清晰的营销信息至关重要：创造出真正独特、清晰、突出、一致、诱人、与众不同、值得记忆的营销信息。

营销人员的大脑必须与他们想要争取的客户的大脑和感觉进行互动。

记忆导图可以制订非常清晰的行动计划，可以创造理想的市场营销活动：

- 首因效应表明，当潜在客户第一次接触到产品时，价值主张必须产生影响。
- 近因效应表明，信息的最后一部分必须能在客户的大脑中清晰地保留。
- 冯·雷斯托夫效应要求，营销信息中的图片必须是突出的、涉及多感官的、原创的以及独特的。
- 联想表明，信息必须以一致的方式与自身联系起来，与价值主张相联系，最重要的是与客户的利益、愿望和目标相联系。

- 对理解的认识要求，信息必须为客户提供机会，以客户期望的方式完成营销人员提供的体系结构。

市场营销的历史中充满了精彩且令人震惊的例子。伟大的历史营销活动包括埃索（世界知名的润滑油品牌之一）的“在你的油箱里放一只猛虎”，它同时提供了灵活、速度、能量和动力的形象——所有与产品功能相关的概念。

另一个是耐克的“Just Do It”（想做就做），它是大脑与身体交流的一个例子，以令人难忘的标志、价值主张和积极的生活愿景创造一种生活方式的概念，这些都是将公司和客户关联起来的积极联系。

戴比尔斯的“钻石恒久远，一颗永流传”是在 1948 年诞生的一个绝妙的概念。这颗钻石的意象异常强大，营销语自然也很有才华。其中，最原始和微妙的一点是将钻石与爱以及爱与永恒联系在一起。这一绝妙的创意在几十年来的市场营销活动中一直立于不败之地，证明了强大的形象和深刻而持久的人类情感之间具有异常紧密的联系。

> “如果你讲的故事触及以下六个按钮中的一个，人们才会议论你的品牌或公司：（1）禁忌话题；（2）不寻常的；（3）骇人的；（4）滑稽的；（5）引人注目的；（6）秘密（无论是保密的还是已经揭露的）。”
>
> 马克·休斯（Mark Hughes），《蜂鸣式营销》（*Buzzmarketing*）作者

另一方面，成千上万的广告活动以失败告终（而且往往是立即发生的），因为它们没有遵循记忆导图的深刻原理：

- 提供了令人毫无兴趣的图像，这些图像与信息无关，与客户也无关。
- 使用的是完全一致的论点，而这些论点没有关联或联结到受众。

- 开场很微弱，失去了首因效应。
- 结束时不是“砰”的一声，而是一声呜咽，失去了近因效应。
- 混淆了联想，违背了营销初衷以及那些流失掉的客户的需求。

19.2 公关和销售

在这个领域，你几乎不需要接受任何课程的培训。你所需要的是记忆导图，它会为你的行动提供蓝图和计划。

让我们来看看21世纪在这一领域的践行情况。旧的“必须完成销售”的模式已经淘汰。为什么？因为越来越警觉的客户开始意识到单向的行为操控，他们逐渐开始拒绝这种负面联想结构。

当前的实践侧重于为客户提供持续的价值，并建立长久的关系。记忆导图则为有效实现这一值得称道的目标奠定了框架。

导图指南会引导你得出结论：在公关和销售活动中，你必须做的第一件事就是研究潜在客户，找出他们生活中的各种联系，以及他们主要和突出的兴趣。甚至在此之前，你就必须确保你的产品与潜在客户的关系网络和利益完美地结合在一起。

当你的广告活动或演示准备就绪时，导图指南会告诉你，必须规划出令人印象极其深刻的第一次接触，并且必须尽可能多地涉及多种感官。

基于最初的影响，你必须发展建立一个相互联系的关系网络，将它们的世界和利益与你的联系起来。

当你开发这一过程时，冯·雷斯托夫正在一旁为你欢呼，为你提供图像、隐喻、故事、视频、逻辑论点及证据，并将你和客户越来越多地联系在一起，以至不可分割。

关联无处不在。

接近活动或演示尾声（高潮）时，记忆导图告诉你，必须总结、强调以及强化所有已建立的关系。高调地结束，这会强化你的信息，在人们的记忆中留下一座信号灯塔。

你将顺利地完成销售，同时把“公关”转换成完美的记忆！

在追求持久关系的过程中，你可以把记忆导图想象成一系列的迭代（曲线的子集），让你不断地提供价值，增加销售量，建立更牢固的关系。记忆导图为你提供了一种工具，以增强每一次的相遇（建议、谈判、服务或支持）的有效性，并使关系的长期价值实现最大化。

19.3 如何在众多垃圾信息中脱颖而出

首先，你需要在新的事物之间建立大量新的联系，这将会形成重要的冯·雷斯托夫。换言之，在“马尾藻海”式的垃圾邮件中凸显的信息，是卓越创意的信号灯塔。你还需要创建该灯塔与产品的卓越性、价值之间的关联。

试试这个实验：在某档电视节目插播广告后，问问你的家人或朋友，他们刚刚看到的最后三个广告是什么？

他们可能不记得了，因为他们根本没有留意那些广告。这些广告很可能不符合记忆导图原理。

成功的广告活动基本都能从众多垃圾信息中脱颖而出，比如多芬的“真美”广告。

> “在短短几周内，一场由曲线优美的女性而非苗条模特参与的广告活动推动了多芬美容产品销售额增长了30%。革命性的‘真美’广告，展示了女性大腿、臀部和胸部的丰腴曲线，这也正是皮肤紧致产品销量大幅上升的原因。”
>
> 来自文章《多芬销售随着“真美”的出现而飙升》，《西澳报》，2005年10月6日

可悲的是，对现代社会来说，这是一个很糟糕的评论，因为这样一个绝妙的新想法——“真美”运动——实际上应该把人们带回到现实中去。

记住记忆导图的主要原则：

- 你必须有很好的冯·雷斯托夫时刻。
- 你必须在你的图标、图像和品牌中有新的关联，需要整合多元智力。
- 你需要使用大脑所有的皮层技能，包括左脑皮层技能（逻辑、单词、列表、线条、数字、分析）和右脑皮层技能（想象力、色彩、白日梦、空间和格式塔）。
- 你需要被看到及证明“做得不错”。在现代社会，诚实、真挚并热心地对待他人，而非简单地哄骗或操纵，被视为公共和社会行为的一个日益必要的方面。国际扶轮（一个由商人和职业人员组织的全球性的慈善团体，在全球范围内推销经营管理理念，并进行一些人道主义援助项目）的四

大考验就是很好的例子。[①] 这个测试已经被翻译成上百种语言，它问了以下四个问题：

（1）我们所想、所说或所做的事情是事实吗？

（2）这对所有的人都公平吗？

（3）这会建立善意和更深厚的友谊吗？

（4）这会对所有相关人员有益吗？

19.4 独特卖点（USP）/冯·雷斯托夫

你的产品或服务有什么独特之处？“事实”是什么？想想你如何在口号 / 广告宣传中建立独特的卖点。例如：

- 沃登面包——“沃登面包用 12 种方式帮你建筑强壮的体魄。”
- 联邦快递——“如果你的包裹必须一夜到达。”
- M&M——“只融在口，不融在手。”
- 达美乐比萨——“30 分钟内把最新鲜的热比萨送至你家——否则免费。”

另一种脱颖而出的方法是专注于不同的客户细分市场，比如“她经济”[②]。尽管女性仅占总人口的 51%，但她们参与的消费占到了全部份额的 85%。

一旦理解了“女性营销学”[③]，你就可以开始着手建立不同的关联和

---

① 国际扶轮（Rotary International），《指导原则》，扶轮基金，http://www.rotary.org/en/aboutus/rotary-international/guidingprinciples/pages/ridefault.apsx。

② 《女性营销快览》，http://she-economy.com/report/marketing-to-women/quick-facts/。

③ 阿曼达·史蒂文斯（Amanda Stevens），《她经济：女性营销的科学》（2008），GOKO 管理集团。

联系，以满足女性消费者的消费需求、购买模式和慈善捐赠。

记忆导图原则、公关手段和市场营销的使用，将让你从“马尾藻海”中脱离，最终在清澈的海洋和天空中绽放。

第 20 章
时间管理：管理自我和休息

你永远都不需要管理时间，你需要管理的是时间之外的事情——你必须在时间的流动中明智地管理自己。你可以通过记忆导图来实现这一点，因为它会告诉你如何去做。

你想更好地管理时间吗?

实际上，时间并不需要管理。在没有人类管理的情况下，时间已经自我管理了150亿年。

人们不知道如何与时间打交道，因此就会设法去管理它，如通过记日记。从本质上说，人们试图用一种过时的思维方式无效地管理时间。

你永远都不需要管理时间，你需要管理的是时间之外的事情——你必须在时间的流动中明智地管理自己。你可以通过记忆导图来实现这一点，因为它会告诉你如何去做。

> “不要说你没有足够的时间。你每天的时间和海伦·凯勒、巴斯德、米开朗基罗、特蕾莎、达·芬奇、托马斯·杰斐逊以及爱因斯坦的时间是一样的。”
>
> 小杰克逊·布朗,《生命的小小说明书》作者

20.1 休息的重要性

让我们一步步来认识记忆导图。如果你正在研究、学习或工作，比如在5个小时没有休息的情况下，记忆导图会记录并呈现出你的工作表

现和回忆水平。

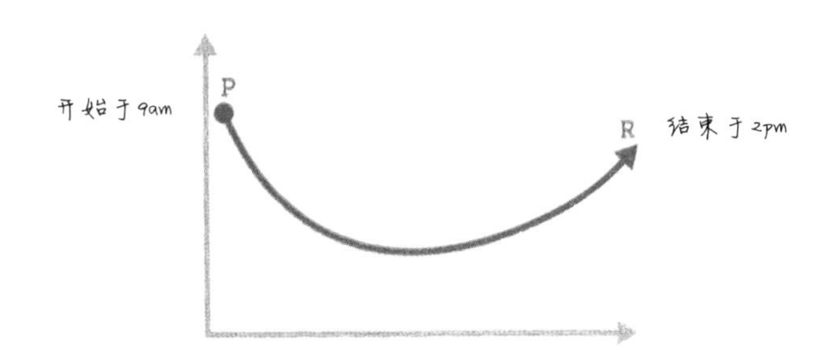

如果你的大脑连续5个小时不间断地学习或运转，你只会有两个高点——开始时的首因和结束时的近因。

你认为自己需要休息一下吗？如果需要，多长时间？多大频次？

想一想，你学习、阅读一本书多久才会因信息量超载而休息？半个小时到一个小时？

休息创造了新的“近因”，同时也创造了潜在的新首因。没有休息，就没有额外的近因。当我们在休息了5~10分钟后再返回学习、工作时，我们就有了一个新的首因。

这是自我管理。然后你回来，再继续工作30~60分钟。如果你引入了适当的休息时间，你可以看看这些高分数的简单数学逻辑：8个记忆高点vs.2个记忆高点。每一个都比没有休息的学生或执行者的最后一个点要高。

> “你应该经常放下工作，放松一下，因为当你重新回去工作时，会有更好的判断。”
>
> 达·芬奇，意大利文艺复兴时期的
> 艺术家、科学家、工程师和全能天才

休息时你应该做什么？放松。做一些与你正在做的事无关的事情——尽量不要有关联。听音乐、躺下、运动，到另一个房间走走，等等。

你是否注意到，随着图表变化，曲线在上升？在休息期间，你的大脑会进入孵化期。这意味着，第一次休息的时候，你在第一个阶段积累的所有想法都相互融合、相互联系，在潜意识中整合，变得更加稳固。因此，当你进入第二阶段时，你拥有的知识比第一阶段学习刚结束时要多得多。

因此，休息后的大脑能给你提供继续学习的能量。

我们可以将记忆导图视为一张大图，它包含了一系列的子图。

你也能注意到，在没有休息的情况下，低点会更低。你不休息的时间越长，忘记或无效率的区域就越大。“不休息”的概念是工业信息时代的典型心态——为了从人力中榨取最大的剩余价值，休息被认为是浪费时间。

这简直荒谬。

> “就像明星职员有促进生产力的工作策略一样，普通员工也有许多降低生产力的不良习惯。”
>
> 罗伯特·凯利（Robert E.Kelly），《人人都是明星职员》作者

让我们看一下记忆导图，把它想象成一根超长的绳子，一根有体育场那么长的绳子。如果我站在体育场一端，而你站在另一端，我们能把绳子拉直吗？不能。绳子自身的重量会把它拉下来。但如果我们把绳子切成四段，每段首尾相接拉住，那么中间部分就会上升，低点就会变高。

每一个切点都意味着一段休息的时间，当休息的时候，你不仅会得到更多的首因和近因，你也会变得更精神、更放松，孵化并整合出更多的联系。你所有的低分都会相对变高。

对聪明员工的管理不善会使工作效果变得很差。反之，管理好它则

会使工作效率大大提高，呈螺旋式上升。如果你坚持这一原则，你将在之后的每个周期中都发挥得更好。你会充满创造力，精力充沛，且富有合作精神。

你认为休息时间应该是多久？你的大脑对此最清楚了：5~10 分钟。再长一点的话，你可能会开始忘记手头上的事并对其他事情产生兴趣。

> “最伟大的天才有时候工作更少反而成就更多。”
>
> 达·芬奇，意大利文艺复兴时期的
> 艺术家、科学家、工程师和全能天才

20.2 高速档 vs. 低速档

现在，我想让你们想一想，当你迸发创意，当你灵光一现想出你正在研究问题的解决方案，当你萌生改变生活的意识，当你捕获可能改变人类历史进程的想法时，你正身处何地？

请在下方空白处写下你产生想法时通常所处的位置：

我在世界各地举办讲座已经有四五十年了，关于这个问题所征集到的答案是：

- 睡觉时的床上
- 半夜醒来的床上
- 早上醒来的床上
- 在大自然中散步时

- 淋浴时
- 泡澡时
- 做一些长距离锻炼（如跑步、游泳、划船或骑车）时
- 长途旅行的汽车、火车、轮船和飞机上

上述答案都包含两个主要的因素：独处和放松。

即便你是和朋友们一起旅行或跑步，一段时间后你也会进入这个节奏。许多运动员称之为“空间”，指从概念上而言你是独自一人。

正是在这些放松和独处的时间里，大脑开始“高速运转”。

试着把大脑思维的运作比作骑自行车。如果你用高速档蹬车，你的脚蹬得非常快，但是向前骑行的距离很短。反之，如果你用低速档蹬车，你的双脚就会蹬得相对缓慢，但每一脚都能推动你向前骑一大段。

日复一日的思考就像使你的大脑时刻处于高速档状态。大多数人认为思考本应如此，他们在一定程度上是正确的——这种思维方式确实存在，而且精神专注本身也有一定的力量，它将永远是我们每天生活的一个组成部分。然而，这种思考方式的效力是有限的，因为它无时无刻不夹杂着你脑海里的喋喋不休，你在哪里注意到别人的衣服，想着你要吃什么，抠着指甲，看着一辆辆过往的汽车，时刻担心着会有什么问题影响到你。

在低速档状态下的思考才是真正的思考——当你在放松或独处状态下发生的思考。

然而，这种有价值的思考极易被“24×7”（一天24小时，一周7天）这种不间断的工作方式抹杀。当我们意识到大齿轮思考的重要性时，我们会发现，这种“24×7”的工作模式无论对个人还是社会来说，都是极其危险的。

这一概念在《纽约时报》和《国际先驱论坛报》的科学研究报告中被重新检讨，发表时间是2012年1月3日，标题为《重新发现狂欢的力量》见下文，作者是尼克·比尔顿（Nick Bilton）。

“与移动设备的不间断交互是存在缺陷的。在45分钟的帕西菲卡（位于美国加利福尼亚西部的城市）徒步旅行中，我用iPhone拍下的照片，比大多数家庭用数码相机在两周假期内拍出的照片还要多。这导致我没有时间做白日梦，而科学家们说，白日梦是解决问题的必要条件。”

乔纳·雷尔是一名神经学家，也是即将出版的《想象：创造力如何工作》的作者。在电话采访中，他说，人类大脑需要时不时从关注解决复杂问题中抽离出来。他说到自己的新书，讨论的是一个被大脑科学家称之为“默认网络”的区域，这个区域只有当大脑处于不活跃状态时才会开始真正活跃，即在做白日梦的时候。

“就像其他人一样，我真的无法想象没有电脑生活会怎样，”他补充说，“但是，有时候有必要把它放在一边，让那些白日梦自然地发挥你的大脑所需要的认知功能。”

牛津大学网络管理教授、《删除：数字时代的遗忘美德》一书的作者维克斯迈尔－施隆伯格说：“即便有日落这样美丽的景致，遗忘依然如同一种精神净化一般，有着非同一般的作用。”

20.3 发现错误

休息也能排除令人尴尬的错误。你有没有这样的经历：写过的备忘录、信件、任务或电子邮件，把它发出去后，第二天再看一看，然后发现了拼写错误。你在前一天之所以没发现这些错误，是因为你的大脑会预测看到什么，而不是实际写了什么。例如，从下面的图像中读取文本。

写了什么？

A Bird in the Bush

是吗？

或者是：A Bird in the the bush!

这就是对理解与误解的认识，又回到了之前。你的大脑没有期待看到“the”这个词两次，然后就把它跳过了。

20.4 管理午餐后的时间

一天中最重要的休息时间是午餐过后。如果你吃了一份富含碳水化合物的午餐，那就意味着会有更多的血液进入肠道消化食物。这就是我们常常会在午后犯困的原因。

然而工作或思考，都需要更多的血液进入大脑。因此，午餐后并不适宜从事高强度的工作或令精神高度集中。建议吃完饭后，让大脑休息30分钟，或者选择一个低强度的工作，让大脑充分休息，身体则专注于消化食物。

我们唯一能确定的是，时间不会区别对待或歧视任何人——我们每个人都是一天24小时，不多也不少。忘掉时间管理即管理时间的观点吧！实际上，时间管理是关于如何管理我们自己，以及如何在时间的大框架内更高效地工作。

明智地管理自己的一个关键策略是利用休息。你应该经常在一些工作、学习时间中有计划地穿插有规律的休息。这样做，你会不断地刷新你的大脑，创造大量的近因和首因；也就是说，你的记忆导图中会出现很多高峰。花些时间放松一下，也能帮助你避免午餐后的精力下降，让你有更多的机会进入低速档思维状态，从而驱动最佳的工作效率和创造力。

休息不是在浪费时间——它们是在更加有效地利用时间！

Conclusion 结 语

第一近因

欢迎来到本书的最后一个部分——你的第一个近因！你现在已经完成了“奇遇”的第一阶段，处于改变生活、让生活变得更美好的阶段。

有了最终的成功导图，你就可以充满自信地向前迈进，在人生的许多经历和挑战中描绘出你的人生轨迹。通过对记忆、学习和创造力之间的深刻联系，这个导图提供给你所需要的一切：领导、教育、学习、展示、交付、培训、设计、回忆和参与。问题是，你准备好把那些无聊的低谷变成积极的高峰了吗？

正如你在本书中所了解到的（尤其是在第 3 章“如何利用近因效应”中），对任何的学习阶段来说，结束时的回顾都是必要的。

现在，让我们来回顾一下《记忆导图》这本书。你将会以全新的视角看待所有的东西，因为你已熟知书中所有的内容，并且可以把它们与书中其他信息联系起来。

这样做的时候，你会意识到，你所学到的一切，当重新回顾并加以重建之后，会变得比之前更有意义。

让我们来看一看最新形成的“思维喜马拉雅山脉”的许多山峰。当我们完成回顾的时候，你将处于这一阶段的顶峰，并将为你的下一个首因做好准备，开始下一段生活！

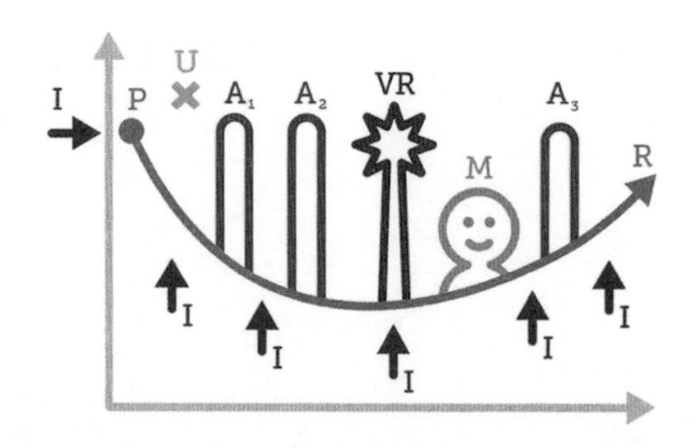

首先，你知道第一印象、首因是至关重要的，你现在可以利用数以百万计的即将到来的首因效应来获得全部优势。在任何新的偶遇中，思考你将通过文字、外表或行动投射出什么样的形象。你在一开始的时候给人的印象将为接下来的关系奠定基础，所以，你要让它成为一个好的印象！

近因也是同样的，你将这些宝贵的最后时刻变得更有意义、积极向上。最后的印象是“持久的印象”，总是给人留下余味。当你花时间让别人感受价值和关心时，可以确定你留给他人的最后印象会是美好的！

此外，你现在有了冯·雷斯托夫效应永久做伴。它将引导你、帮助你创造更多的“巅峰享受”“巅峰记忆”“巅峰创造力”和“巅峰表现”。仅凭这些就足以证明记忆导图为何被称为“世界上最重要的图表”。

因为它确实是迄今为止世界上最重要的图表！

学习是生活的基础之一，是我们所做的每件事的核心，而你现在就是这方面的权威。在过去，你可能不会如此快速有效地学习，但现在使用记忆导图原理，你可以吸收更多的信息，更好地理解它，更彻底地回忆它，并将它融入新的更强大的思想中去。你已经掌握了如何学习！同样重要的是，你处于更有利的地位去帮助别人做同样的事情。

另外，你现在可以从理论和实践中理解，这些让世界震惊了数千年的伟大记忆系统——记忆术。你现在可以运用这些方法来改善记忆。

达·芬奇是人们投票选出的上个一千年中最杰出的天才。通过学习，现在的你可以说是他的虚拟朋友了，你可以详细地了解他为什么能够像一个巨人一样涉猎人类所有的知识领域，以及如何在每一项重要的学科中都出类拔萃。记忆导图也展示了你可以如何模仿达·芬奇的行为，根据你自己大脑的实际情况适当使用，帮助自己释放天才潜能。

目前，你是少数了解人类语言及其“双子塔”——想象力和联想力——的人之一。了解了这门语言，你就能更有效、更有意义、更愉快地与地球上的任何人交流。

同时，你将深刻认识理解与误解的本质，这将继续提升你的社会智力，从而使你在接下来的时间里获得成功。

如果你需要向质疑你的人解释自己的行为或行动，你现在已经有了一个完整的、健全的理论框架和基础，并得到重大研究的支持。

在爱上了记忆女神摩涅莫辛涅和她的孩子们之后，你也会爱上自己的生产、联想和创造的无限能力。利用你新发现的创造力，开发独特的产品、服务、流程和策略，并找到解决日常问题和挑战的“最佳”答案。你很快就会看到，在记忆导图所塑造的记忆和创造力之间，这种神圣的联系将会把你带到一个难以估量的高度！

现在，在获得了一连串的能力后你会知道：如何让数以百万计的未来的关键时刻更有价值；如何提高你对所有事情的兴趣，从而提高你的学习、创造和记忆的能力；如何用书面和口头形式令人信服地成功沟通；如何保护你的战绩；如何通过管理公关、销售和营销来获取最大优势；如何谈判；如何设计自己理想的广告、网站；以及如何优雅地管理自己的时间。

你学习的第一个高峰是你意识到了思维导图的理论基础和应用（理解了大脑的大爆炸：思维导图的诞生），它们为什么在全球流行开来并无处不在，为什么它们如此强大，以及如何才能将它们应用在你对未来生活的思考任务中。

对你和你最亲密的家人、朋友来说，你的生活是最重要的。它一直是记忆导图的希望、推动力和愿景，帮助你创造多彩而难忘的生活，在人类的历史中留下积极的足迹。

东尼博赞®在线资源

“脑力奥林匹克节”

“脑力奥林匹克节”是记忆力、快速阅读、智商、创造力和思维导图这五项“脑力运动”的全面展示。

第一届“脑力奥林匹克节”于1995年在伦敦皇家阿尔伯特大厅举行，由东尼·博赞和雷蒙德·基恩共同组织。自此之后，这一活动与“世界记忆锦标赛®”（亦称“世界脑力锦标赛”）一起在英国牛津举办过，在世界各地包括中国、越南、新加坡、马来西亚、巴林也都举办过。世界各地的人们对这五项脑力运动的兴趣越来越浓厚。2006年，“脑力奥林匹克节”的专场活动再次让皇家阿尔伯特大厅现场爆满。

这五项脑力运动的每一项都有各自的理事会，致力于促进、管理和认证各自领域内的成就。

世界记忆运动理事会

世界记忆运动理事会（World Memory Sports Council）是全球记忆运动的独立管理机构，致力于管理和促进全球记忆运动，负责授权组织世界记忆锦标赛®，并且授予记忆全能世界冠军、世界级记忆大师的荣誉头衔。

世界记忆锦标赛®

这是一项著名的全球性记忆比赛，又称“世界脑力锦标赛”，其纪录不断被刷新。例如，在2007年的世界记忆锦标赛®上，本·普理德摩尔（Ben Pridmore）在26.28秒内记住了一副洗好的扑克牌，打破了之前由安迪·贝尔创造的31.16秒的世界纪录。很多年以来，在30秒之内记忆一副扑克牌被看作相当于体育比赛中打破4分钟跑完1英里的纪录。有关世界记忆锦标赛®的详细信息，可在英文官网 www.worldmemorychampionships.com 或中文官微 China_WMC 中找到。

世界思维导图暨世界快速阅读锦标赛

世界思维导图锦标赛（World Mind Mapping Championships）是由“世界大脑先生”、思维导图发明人东尼·博赞和国际特级象棋大师雷蒙德·基恩爵士于1998年共同创立。世界思维导图锦标赛是脑力运动奥林匹克大赛其中的一项，第一届的举办地点在伦敦，至今已举办14届。

世界快速阅读锦标赛（World Speed Reading Championships）始于1992年，并持续举办了7届。2016年，第8届世界快速阅读锦标赛在新加坡再次举办。2017年，第9届世界快速阅读锦标赛在中国深圳成功举办。快速阅读是五项“脑力运动”之一，可以通过比赛来练习。

了解赛事详情，请登录中文官网 www.wmmc-china.com 或关注官微 world_mind_map。

亚太记忆运动理事会

亚太记忆运动理事会（Asia Pacific Memory Sports Council）是由东尼·博赞和雷蒙德·基恩直接任命的世界记忆运动理事会（WMSC®）在亚洲的代表，负责管理世界记忆锦标赛®在亚洲各国的授权，在亚洲记忆运动会上颁发“亚太记忆大师”证书。

亚太记忆运动理事会是亚太区唯一负责授权和管理 WMSC® 记忆锦标赛®俱乐部、WMMC 博赞导图®俱乐部，并颁发相关认证能力资格证书的官方机构，了解详细信息请登录 www.wmc-asia.com。

WMSC® 记忆锦标赛® 俱乐部

无论在学校还是职场，WMSC® 记忆锦标赛® 俱乐部提供的都是一个有助于提高记忆技能的训练环境，学员们在这里有一个共同的目标：给大脑一个最佳的操作系统。由经 WMSC® 培训合格的世界记忆锦标赛® 认证裁判提出申请，获得亚太记忆运动理事会授权后成立的记忆俱乐部可以提供官方认证记忆大师（LMM）资格考试。请访问官网 www.wmc-china.com 或关注官微 China_WMC。

WMMC 博赞导图® 俱乐部

WMMC 博赞导图® 俱乐部，由经 WMMC 培训合格的世界思维导图锦标赛认证裁判提出申请，在获得亚太记忆运动理事会授权后成立并运营。俱乐部认证考级是目前世界唯一依据世界思维导图锦标赛的评测标准所进行的全面、科学、权威的博赞思维导图® 专业等级认证。请访问官网 www.wmmc-china.com 或关注官微 world_mind_map。

大脑信托慈善基金会

大脑信托慈善基金会（The Brain Trust Charity）是一家注册于英国的慈善机构，由东尼 · 博赞于 1990 年创立，其目标是充分发挥每个人的能力，开启和调动每个人大脑的巨大潜能。其章程包括促进对思维过程的研究、思维机制的探索，体现在学习、理解、交流、解决问题、创造力和决策等方面。2008 年，苏珊 · 格林菲尔德（Susan Greenfield）荣获了“世纪大脑”的称号。

世界记忆锦标赛® 官方 APP

世界记忆锦标赛® 官方 APP 是世界记忆运动理事会授权，亚太记忆运动理事会为广大记忆爱好者和记忆选手们打造的大赛官方指定 APP，支持用户在线训练、参赛以及

在线查看学习十大项目比赛规则、赛事资讯、比赛日程等信息。选手可自由选择“城市赛、国家赛、国际赛、世界赛”四种赛制，并可选择十大项目中的任意项目，随时随地进行自由训练。

目前，Andriod 版本已发布（IOS 版本敬请期待），APP 安装请登录 www.wmc-china.com/app-release.apk。

英国东尼博赞®集团

东尼博赞®授权讲师（Tony Buzan Licensed Instructor，TBLI）课程由英国东尼博赞®集团（Tony Buzan Group）授权举办，TBLI 课程合格毕业学员可获得相关科目的授权讲师证书。TBLI 讲师在提交申请获得授权许可后，可开授英国东尼博赞®认证的博赞思维导图®、博赞记忆®、博赞速读®等相应科目的东尼博赞®认证管理师（Tony Buzan Certified Practitioner，TBCP）课程。

完成博赞思维导图®、博赞记忆®、博赞速读®或思维导图应用课中任意两门课程，并完成相应要求的管理师认证培训数量，即有资格申请进阶为东尼博赞®高级授权讲师（Senior TBLI）。

高级授权讲师继续选修完成一门未修课程，并完成相应要求的管理师认证培训数量，可有资格申请进阶为东尼博赞®授权主认证讲师（Master TBLI）；另外，提交申请获得授权后可获得开授 TBLI 讲师培训课程的资格。

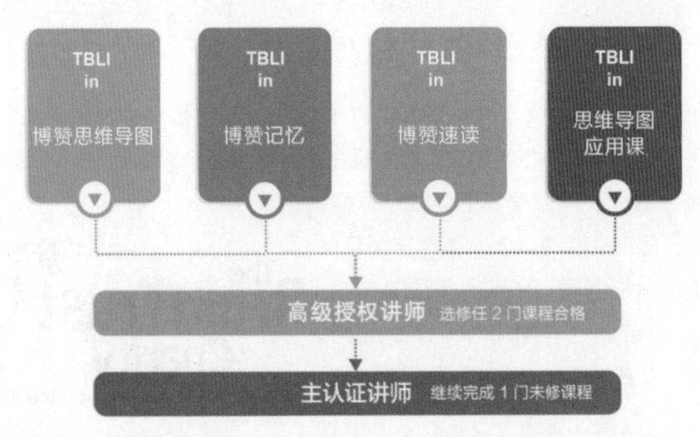

亚太记忆运动理事会博赞中心®为亚洲区唯一博赞授权认证课程管理中心，负责 TBLI 和 TBCP 认证课程的授权及证书的管理和分发。如果你有任何问题或者需要在亚洲区得到任何支持，可以通过以下方式联系相关负责人士。

亚洲官网：www.tonybuzan-asia.com　电子邮件：admin@tonybuzan-asia.com

思维导图发明人
东尼·博赞

学正宗思维导图 必读东尼·博赞原著

全球畅销50年 销量超1000万册 影响世界3亿人 100多个国家和地区使用

100位世界记忆大师

世界记忆锦标赛、世界思维导图锦标赛
全球总冠军等众多大咖

比尔·盖茨　俞敏洪　刘　润　秋　叶

强|势|推|荐